新型职业农民中等学历教育系列教材

蔬菜贮藏保鲜

Shucai Zhucang Baoxian

北京教育科学研究院职业教育与成人教育教学研究中心　组编

苏金良　主编

U0291101

中国农业出版社

图书在版编目（CIP）数据

蔬菜贮藏保鲜/北京教育科学研究院职业教育与成人教育教学研究中心组编；苏金良主编.—北京：中国农业出版社，2017.8
新型职业农民中等学历教育系列教材
ISBN 978-7-109-22476-6

Ⅰ.①蔬…　Ⅱ.①北…②苏…　Ⅲ.①蔬菜－贮藏－教材②蔬菜－保鲜－教材　Ⅳ.①S630.9

中国版本图书馆CIP数据核字（2016）第296793号

中国农业出版社出版
（北京市朝阳区麦子店街18号楼）
（邮政编码 100125）
策划编辑　舒　薇　杨金妹
文字编辑　李　晓

北京中科印刷有限公司印刷　　新华书店北京发行所发行
2017年8月第1版　　2017年8月河北第1次印刷

开本：720mm×960mm　1/16　　印张：10
字数：180千字
定价：40.00元
（凡本版图书出现印刷、装订错误，请向出版社发行部调换）

新型职业农民中等学历教育系列教材
编 委 会

主 任 吴晓川 王东江

副主任 吴 缨 柳燕君 陈 斌

委 员（按姓氏笔画排序）

王启囤 邓富龙 田毅敏 邢朝利 朱启酒

李四平 杨永杰 杨海涛 张 超 张永利

张春霞 张爱民 尚国荣 单增安 贾国华

郭连生 董国良 路宝银

总主编 刘卫珍 赵志磊

本书编写组

主　编　苏金良

副主编　张　超　杨海燕

参　编　丁　佳　李雪元　王　欢

总　序

党的十八大报告指出：提高农民素质，促进农民全面发展，解决好农业、农村、农民问题是全党工作的重中之重。《国务院关于加快发展现代职业教育的决定》（国发 [2014]19 号）明确指出："推进农民继续教育工程，加强涉农专业、课程和教材建设，创新农学结合模式。推动一批县（市、区）在农村职业教育和成人教育改革发展方面发挥示范作用""服务国家粮食安全保障体系建设，积极发展现代农业职业教育，建立公益性农民培养培训制度，大力培养新型职业农民"。

大力培育新型职业农民，有利于农民逐渐淡出身份属性，加快农业发展方式转变，促进传统农业向现代农业转型。但由于处于生产一线的农民群体，普遍存在年龄偏大、受教育程度偏低的状况，很难适应现代农业发展对从业人员的要求，急需知识的补充与更新，提升学历层次。在此背景下，受北京市教育委员会委托，北京教育科学研究院职业教育与成人教育教学研究中心（北京市职教成教教材建设领导小组办公室）组织相关专家和职业院校、成人学校一线教师，结合教育部办公厅、农业部办公厅关于印发《中等职业学校新型职业农民培养方案试行》（教职成厅 [2014]1 号）的通知以及都市现代农业的发展状况和农民教育需求，开发了新型职业农民中等学历教育系列教材，以期为培养拥有先进理念、富有时代责任、掌握现代科技、善于生产经营的新型职业农民提供支撑。

由于我们的工作尚在研究探索之中，还需要在实践过程中不断完善。希望农村成人教育教师和专家提出宝贵意见，不足不妥之处，敬请指正。

2014年12月

前　言

　　大力培育新型职业农民是建设新型农业生产经营体系的战略选择和重点工程，是促进城乡统筹、社会和谐发展的重大制度创新，是转变农业发展方式的有效途径，更是有中国特色农民发展道路的现实选择。新型职业农民作为未来农业生产的主力军，还是一支新生力量，需要在实践中给予更多的帮扶、鼓励与培育。高质量的教材为新型职业农民的培育提供了基础保障，我们遵循农民教育培训的基本特点和规律，编写了《蔬菜贮藏保鲜》教材，希望能对新型职业农民的培育有所帮助。

　　《蔬菜贮藏保鲜》分为三个模块，即蔬菜贮藏保鲜概述、蔬菜贮藏保鲜基本方法、北方常见蔬菜贮藏保鲜技术。本教材中所列举的贮藏保鲜原理，一一通过具体案例详细解说。在第三模块北方常见蔬菜贮藏保鲜技术中还对北方常见的28种蔬菜的贮藏保鲜方法做了深入浅出的介绍。本教材在编写过程中力求突出科学性、灵活性与实践性原则，力争做到技术先进科学、简明实用，语言通俗易懂，内容图文并茂。

　　本教材在北京教育科学研究院职业教育与成人教育教学研究中心的指导下，由北京市通州区教师研修中心苏金良担任主编，北京市通州区教师研修中心职成研修部张超、北京市通州区漷县成人文化技术学校杨海燕担任副主编，北京市通州区漷县成人文化技术学校丁佳、北京市通州区永顺成人文化技术学校李雪元、北京市通州区于家务成人文化技术学校王欢参加了编写工作。

　　由于我们的学识水平、实践经验和编写水平有限，本教材还存在很多不足之处，敬请专家和读者给予批评指正。我们将吸取各方面的意见，逐步完善本教材，使之更科学、实用。

编　者
2016年11月

目　录

模块
一

蔬菜贮藏保鲜概述

专题一　蔬菜贮藏保鲜的基本知识

蔬菜的保鲜是农业生产的继续，发达国家均把产后贮藏放在农业生产的首要位置，除了保鲜带来的高附加值，仅仅是减少现有蔬菜的损失，就可以为社会带来近千亿元的效益。因此应该抓住这一有利的条件和难得的机遇。

新鲜蔬菜（图1-1-1）是人们日常所必需的维生素、矿物质和膳食纤维的重要来源，是促进食欲，具有独特的形、色、香、味的保健食品。蔬菜组织柔嫩，含水量高，易腐烂变质，不耐贮存，采后极易失鲜，从而导致品质降低，甚至失去营养价值和商品价值，但通过

图1-1-1　新鲜蔬菜

贮藏保鲜及加工就能消除季节性和区域性差别，满足各地消费者对蔬菜的要求。

一、蔬菜贮藏保鲜的定义

收获之后的蔬菜，为较好地保存其所含的维生素、矿物质、水分、碳水化合物等主要营养成分，采取各种科学手段控制一定的环境条件，如温度、湿度、气体成分等，以创造适宜该产品存放的良好环境，有时还使用某些物理、化学方法处理，然后按不同方式摆放起来，加上周密的管理，抑制微生物生长繁殖和酶活性以及水分的蒸发，使蔬菜能较长时间保持或基本保持其原样的一种方法，称作蔬菜贮藏保鲜技术。

二、蔬菜需要贮藏保鲜的物质

蔬菜是烹饪中的一大类重要原料，是人类膳食中必不可少的重要组成部分。蔬菜是由许多不同化学物质组成的，这些物质大多是人体所需要的营养物质。蔬菜中的化学成分主要有水分、矿物质、碳水化合物、有机酸、维生素、色素、挥发油和含氮物质等。这些物质的存在与蔬菜的烹饪加工、食用价值和营养价值密切相关。

（一）水分

蔬菜的一个重要特点就是含水量高，一般含水量为63% ~ 96%。充足的水分是保持蔬菜的正常生理机能和新鲜状态的必要条件，并且所含部分营养成分和各种呈味物质都溶解在蔬菜所含的水中，因此，蔬菜在鲜嫩多汁时，往往它的食用质量及风味均是最好的。

（二）矿物质

矿物质也是蔬菜中的一类主要化学成分。因为蔬菜在人体中经代谢后大都生成碱性反应的无机物质，其中所含的矿物质以钾的含量为最多，其次是钙、磷、铁、钠、镁、碘等。蔬菜中所含矿物质的总量及其组成元素的种类和数量随着蔬菜的种类和烹饪加工的不同而有一定的变动。蔬菜中的矿物质在人体的营养方面起着重要的作用。

（三）碳水化合物

碳水化合物是蔬菜干物质中的主要成分，它包括分子的葡萄糖、果糖、蔗糖和高分子的淀粉、纤维素、果胶等。低分子的糖是决定蔬菜营养和风味的有效成分，以果菜类和根菜类中的含量较高。淀粉在多种蔬菜中存在，富含淀粉的蔬菜除了可作为菜肴外，还可作为主食，如马铃薯、芋头、山药等。纤维素、半纤维素和果胶的存在和含量与蔬菜食用时的口感有关。

（四）有机酸

蔬菜中含有多种有机酸，常以有机酸盐的形式存在。由于含量不高，大多数的蔬菜在食用时，感觉不出有酸味，只有番茄等少数蔬菜中有机酸含量稍高，可感觉出有一定的酸味。有机酸在蔬菜中主要起风味的作用。蔬菜中的有机酸有苹果酸、柠檬酸和草酸。

（五）维生素

蔬菜中所含的维生素主要有维生素C和作为维生素A源的胡萝卜素，以及少量的B族维生素和生育酚等。这些维生素都是人体健康所必需的。

（六）色素

蔬菜的鲜艳色泽是由各种色素成分形成的。色素也是判断蔬菜新鲜度好坏的一个重要标志。蔬菜中的色素成分较多，主要有叶绿素、类胡萝卜素和花青素等。这些色素成分在蔬菜中有的显现，有的被遮盖，并随着蔬菜成熟期的不同及环境的改变而发生相应的变化。

（七）挥发油

挥发油是形成蔬菜香气的主要成分，大多呈油状。由于挥发油的含量和蔬菜主体的组成成分不同，因而构成了各种蔬菜独特的香气。挥发油虽然含量甚微，但对蔬菜的风味起着重要作用。挥发油都是一些低沸点易挥发的成分，因此贮存过久的蔬菜，其香味要降低。

（八）含氮物质

蔬菜中除了以上的化学成分外，还含有一定量的含氮物质，主要是蛋白质。含氮物质在蔬菜的籽仁和豆类蔬菜中含量较多，大多数蔬菜中的含氮物质均不多。

三、蔬菜贮藏保鲜的作用

蔬菜贮藏保鲜的基本目的，就在于控制环境条件，使蔬菜在贮藏期间的生理代谢作用能正常而微弱地进行，使其营养物质的损耗降低到最小，并提高经济效益和社会效益，多为国家的建设和发展做贡献。因此我们说蔬菜贮藏保鲜是蔬菜生产的重要组成部分，是蔬菜"丰产丰收"的重要手段之一，是现代农业生产发展的需要。

四、蔬菜贮藏保鲜的发展趋势

国内蔬菜贮藏加工业在长期的生产实践中取得了许多宝贵的生产经验，创造了一系列成熟完善的贮藏保鲜技术。

图1-1-2　简易贮藏库

改革开放后，随着国民经济的发展，在广大科技人员的努力下，初步形成了产地与销地的简易贮藏库（图1-1-2）、机械冷库（图1-1-3）与气调贮藏（图1-1-4）同步发展的新格局，最为突出的是建立了一系列适合于我国国情的产地贮藏设施和相应的技术体系。其中，通风贮藏库由于投资少、节省能源，在我国北方自然冷源比较丰富的地区仍不失为一种有效的贮藏方式。塑料薄膜和硅橡胶膜在园艺产品保鲜中得到了广泛应用，各种类型的塑料包装小袋或大帐作为自发气调贮藏的主要设备发挥了积极作用。

机械冷藏是现代化的蔬菜贮藏方式，不受地区和气候条件的限制，可根据不同种类蔬菜的要求，通过机械制冷系统的作用，控制库温和湿度，进行人工调节和控制，达到较长时期贮藏保鲜的目的，且不受气候条件的影响，可以常年进行贮藏，贮藏效果好。

我国的气调贮藏起步很晚，从1978年第一座试验性气调库在北京诞生以来，现在商业性的大型气调库已在我国山东、陕西、河北、西藏、新疆、河南、广州、北京、沈阳等许多地区相继建成，并获得了显著的经济效益和良好的贮藏效果。我国气调贮藏技术主要是小包装、大帐自然降

图1-1-3　机械冷库

氧和硅窗气调等且仅限于少量水果蔬菜，气调保鲜技术还没有真正大规模的运用，这些都与国外相差甚远。在一些发达国家已基本上普及气调贮藏保鲜技术，如美国气调贮藏的果品高达75%，法国约占40%，英国约占30%。在意大利，鲜食水果在采摘后95%以上进入气调保鲜库，并且对不同品种和不同产地的果品采用不同的方法和控制程度。

图1-1-4　气调贮藏库

近些年，化学保鲜剂的研究及应用发展很快，目前，已有多种化学杀菌剂、生物活性调节剂及生物涂膜类等防腐保鲜剂在贮藏保鲜中推广使用，对提高贮藏效果具有明显的辅助、促进作用。

此外，某些前沿高新技术，如采后生物技术正逐步应用于蔬菜产品的贮藏保鲜。

专题二　蔬菜贮藏保鲜的采前影响因素

　　蔬菜贮藏效果的好坏及贮藏的成败，除了受采收、采后的分级、包装、贮藏管理等技术影响外，采前因素对蔬菜贮藏性能也起着重要作用。

　　影响蔬菜耐贮性的采前影响因素很多，如自身因素（种类和品种等）、外部因素（生长环境条件）和农业技术人为因素等都会影响产品的品质。选择生长发育良好、健康、品质优良的产品作为贮藏原料，是搞好蔬菜贮藏工作的重要方面之一，因此我们切不可忽视采前因素对采后寿命的影响。

一. 蔬菜自身因素的影响

　　贮藏的蔬菜产品是植物体的一部分或一个器官，采收之后仍然是个有生命的活体，在商品处理、运输、贮藏等过程中，继续进行着各种生理活动，向着衰老、败坏方面变化，直至生命活动停止。进行蔬菜贮藏保鲜，就是要采取一切可能的措施，去减缓这种变化的速度，延长采后蔬菜的生命，尽可能长时间地保持其特有的新鲜品质。

　　蔬菜新鲜品质的保持能力决定于蔬菜自身的品质与耐贮性。蔬菜的品质与耐贮性是在蔬菜采收之前形成的生物学特性，是受遗传因子控制的，还受蔬菜生长环境和栽培技术等因素影响。所以，在贮藏之前应选择品质优良耐贮性好的蔬菜原料才会有良好的贮藏效果。

（一）种类

　　蔬菜不同的种类，其耐贮性差异很大。特别是蔬菜种类繁多，其可食部分可来自于植物的根、茎、叶、花、果实和种子，由于它们的组织结构和新陈代谢方式不同。因此耐贮性也有很大的差异。

叶菜类（图1-2-1）耐贮性最差。因为叶片是植物的同化器官，组织幼嫩，保护结构差，采后失水、呼吸和水解作用旺盛，极易萎蔫、黄化和败坏，最难贮藏。叶球类（图1-2-2）的叶球为植物的营养贮藏器官。一般是在其营养生长停止后收获，其新陈代谢已有所降低，所以比较耐贮藏。

图1-2-1　叶菜类蔬菜

图1-2-2　叶球类蔬菜

花菜类（图1-2-3）的食用部分是植物的繁殖器官，新陈代谢比较旺盛。在生长成熟及衰老过程中还会形成乙烯，所以花菜类是很难贮藏的。如新鲜的黄花菜，花蕾采后1天就会开放，并很快腐烂，因此必须干制。然而花椰菜是成熟的变态花序，蒜薹是花茎梗，它们都较耐寒，可以在低温下做较长期的贮藏。

图1-2-3　花菜类蔬菜

果菜类包括瓜、果、豆类（图1-2-4），它们大多原产于热带和亚热带地区，不耐寒，贮藏温度低于10℃会发生冷害。其食用部分为幼嫩果实，新陈代谢旺盛，表层保护组织发育尚不完善，容易失水和遭受微生物侵染。采后由于生长和养分的转移，果实容易变形和发生组织纤维化，如黄瓜变成大头瓜、豆荚变老等，因此很难贮藏。但有些瓜类蔬菜（图1-2-5）是在充分成熟时采收的，如南瓜、冬瓜，其代谢强度已经下降，表层保护组织已充分发育，表皮上形成了厚厚的角质层、蜡粉或茸毛等，所以比较耐贮藏。

图1-2-4　豆菜类蔬菜

图1-2-5　瓜菜类蔬菜

图1-2-6　根茎类蔬菜

块茎、鳞茎、球茎、根茎类（图1-2-6）的食用部分都属于植物的营养贮藏器官，有些还具有明显的休眠期，所以可通过改变环境条件，使其控制在强迫休眠状态，这样可使新陈代谢降低到最低水平，所以比较耐贮藏。

只有了解不同种类蔬菜的特性，才能对不同的产品做出合理的贮藏安排，从而获得最佳的贮藏效果。

（二）品种

在同一种类不同品种蔬菜之间耐贮性也往往有较大差异。一般来说，不同品种的蔬菜以晚熟品种最耐贮，中熟品种次之，早熟品种不耐贮藏。晚熟品种耐贮藏的原因是：晚熟品种生长期长，成熟期间气温逐渐降低，组织致密、坚挺，外部保护组织发育完好，防止微生物侵染和抵抗机械损伤能力强。并且晚熟品种营养物质积累丰富，抗衰老能力强，一般有较强的氧化系统，对低温适应性好，在贮藏时能保持正常的生理代谢作用，特别是当蔬菜处于逆境时，呼吸很快加强，有利于产生积极的保卫反应。

大白菜品种类型较多，一般中、晚熟品种比早熟品种耐贮藏，青帮比白帮耐贮藏，如小青口（图1-2-7）、青麻叶、抱头青、核桃纹等的生长期都较长，结球坚实，抗病耐寒。芹菜中以天津的白庙芹菜（图1-2-8）、陕西的实秆绿芹、北京的棒儿芹等耐贮藏；而空秆类型的芹菜贮藏后容易变穗，纤维增多，品质变劣。马铃薯（图1-2-9）中以休眠期长的品种加克新1号等最为耐贮。

图1-2-7　大白菜

图1-2-8　芹　菜

图1-2-9　马铃薯

可见，只有了解不同种类蔬菜以及相同种类中不同品种的特性，才能对不同的产品做出合理的贮藏安排，从而获得最佳的贮藏效果。

（三）大小、形状与结构

同一种类和品种的蔬菜，果实大小、形状与其耐贮性密切相关。一般中等大小或中等偏大的果实耐贮藏。大个的果实由于具有幼树果实性状类似的原因，所以耐贮性较差。大个的萝卜（图1-2-10）和胡萝卜易糠心，大个的黄瓜（图1-2-11）采后易脱水变糠，瓜条易变形呈棒槌状等。

图1-2-10　萝　卜　　　　　　图1-2-11　黄　瓜

就形状而言，直筒形白菜比圆球形耐贮藏，扁圆形洋葱（图1-2-12）比凸圆形耐贮藏；菠菜中以尖叶菠菜（图1-2-13）耐寒适宜冻藏，圆叶菠菜虽叶厚高产但耐寒性差，不耐贮藏。蔬菜器官的表面保护层如蜡质层和茸毛等均有助于贮藏，凡是蜡层较厚的蔬菜，如南瓜、冬瓜（图1-2-14）等都比较耐贮藏。

图1-2-12　扁圆形洋葱

图1-2-13 尖叶菠菜

图1-2-14 冬 瓜

此外，植物的叶片是新陈代谢最活跃的营养器官，不耐贮藏，但叶球类已成为养分的贮藏器官，比较耐贮藏。花和果实是繁殖器官，以幼嫩的果实为食用部分的品种以及早熟品种就难以贮藏，老熟的果实就耐贮藏。块茎、球茎、根菜类蔬菜，以及需要后熟方可食用的蔬菜，多数具有生理休眠或强制休眠状态，这些蔬菜最耐贮藏。

二、环境因素的影响

环境因素主要包括温度、光照、降水量和空气湿度、地理、土壤等。

（一）温度

与其他的生态因素相比，温度对蔬菜品质和耐贮性的影响更为重要。因为每种蔬菜在生长发育期间都有其适宜的温度范围和积温要求，在适宜的温度范围内，温度越高，蔬菜的生长发育期越短。蔬菜在生长发育过程中，温度过高或过低都会对其生长发育、产量、品质和耐贮性产生影响。温度过高，作物生长快，产品组织幼嫩，营养物质含量低，表皮保护组织发育不好，可溶性固形物含量低。昼夜温差大，生长发育良好，蔬菜产品可溶性固形物含量高；同一种类品种的蔬菜，秋季收获的耐贮性优于夏季收获的耐贮性，如甜椒、番茄等。番茄果实中番茄红素形成的适宜温度为20 ~ 25℃，如果长时间持续在30℃以上的气候条件下生长，则果实着色不良，品质下降，贮藏效果不佳。不同种类蔬菜生长所需的温度条件也有差异，瓜类和茄果类（图1-2-15）喜欢温暖气候，白菜类、根菜类蔬菜喜欢冷凉的环境。

　　不同年份生长的同一蔬菜品种，耐贮性也不同，因为不同年份的气温条件不同，会影响产品的组织结构和化学成分的变化。例如马铃薯块茎中淀粉的合成和水解与生长期中的气温有关，而淀粉含量高的耐贮性强。北方栽培的大葱（图1-2-16）可露地冻藏，缓慢解冻后可以恢复新鲜状态，而南方生长的大葱，却不能在北方露地冻藏。甘蓝耐贮性在很大程度上取决于生长期的温度和降水量，低温下（<10℃）生长的甘蓝，戊聚糖和灰分较多，蛋白质较少，叶片的汁液冰点较低，耐贮藏。

图1-2-15　茄果类蔬菜

（二）光照

　　光照是蔬菜生长发育获得良好品质的重要条件之一，绝大多数的蔬菜都属于喜光植物，特别是它们的果实、叶球、块根、块茎和鳞茎的形成，都

图1-2-16　大　葱

必须有一定的光照度和充足的光照时间。光照直接影响蔬菜的干物质积累、风味、颜色、质地及形态结构，从而影响蔬菜的品质和耐贮性（图1-2-17）。

　　光照不足会使蔬菜含糖量降低，产量下降，抗性减弱，贮藏中容

易衰老。蔬菜生长期间如光
照不足，往往叶片生长得大
而薄，贮藏中容易失水萎蔫
和衰老。大白菜和洋葱在不
同的光照度下，含糖量和鳞
茎大小明显不同，如果生长
期间阴天多，光照时间少，
光照度弱，蔬菜的产量就会

图1-2-17　温室蔬菜

下降，其干物质含量低，贮藏期也短。大萝卜在生长期间如果有50%
的遮光，则生长发育不良，糖分积累少，贮藏中易糠心。但是光照过
强也有危害，如番茄（图1-2-18）、茄子和青椒（图1-2-19）在炎热的
夏天受强烈的日照后，会产生日灼病，不能进行贮藏。特别是在干旱
季节或年份，光照过强对蔬菜造成的危害将更为严重。此外，光照长
短也影响贮藏器官的形成，如洋葱、大蒜等要求有较长的光照，才能
形成鳞茎。

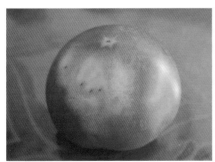

图1-2-18　光照过强对番茄造成的伤害　　图1-2-19　光照过强对青椒造成的伤害

（三）降水量和空气湿度

降水会增加土壤湿度、空气湿度并减少光照时间，关系着土壤水
分、土壤pH及土壤可溶性盐类的含量，与蔬菜的产量、品质和耐贮性
密切相关，干旱或者多雨常常制约着蔬菜的生产。在潮湿多雨的地区

或年份土壤的pH一般小于7，为酸性土壤，土壤中的可溶性盐类如钙盐几乎被冲洗掉，蔬菜就会缺钙，加上阴天减少了光照，使蔬菜品质和耐贮性降低，贮藏中易发生生理病害和侵染性病害。

在干旱少雨的地区或年份，空气的相对湿度较低，土壤水分缺乏，影响蔬菜对营养物质的吸收，使蔬菜的正常生长发育受阻，表现为个体小、产量低、着色不良、成熟期提前，容易产生生理病害。如大白菜容易发生干烧心病（图1-2-20）；萝卜容易出现糠心（图1-2-21）等。降雨不均衡或久旱骤雨，会造成果实大量裂果，如番茄（图1-2-22）等。

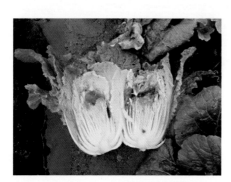

图1-2-20　大白菜干烧心病

图1-2-21　萝卜糠心

图1-2-22　番茄裂果

（四）地理条件

蔬菜栽培地区的纬度和海拔高度不同，生长期间的温度、光照、降水量和空气的相对湿度也会不同，从而影响蔬菜的生长发育、品质和耐贮性。纬度和海拔高度不同，蔬菜的种类和品种也不同；即使同一种类的蔬菜，生长在不同纬度和海拔高度，其品质和耐贮性也不同。海拔高度对果实品质和耐贮性的影响十分明显，例如，海拔高的地区，日照强、昼夜温差大，有利于糖分的累积和花青素的形成，抗坏血酸的含量也高，所以番茄的色泽、风味和耐贮性都好。

生长在山地或高原地区的蔬菜，体内碳水化合物、色素、抗坏血酸、蛋白质等营养物质的含量都比在平原地区生长的要高，表面保护组织也比较发达，品质好，耐贮藏。如生长在高海拔地区的番茄比生长在低海拔地区的品质明显要好，耐贮性也强。由此可见，充分发挥地理优势，发展蔬菜生产，是改善蔬菜品质、提高贮藏效果的一项有力措施。

（五）土壤

土壤是蔬菜生长发育的基础，土壤的理化性状、营养状况、地下水位高低等直接影响到蔬菜的化学组成、组织结构，进而影响到蔬菜的品质和耐贮性。不同种类的蔬菜对土壤的要求不同，但大多数蔬菜适合于生长在土质疏松、酸碱适中、养分充足、湿度适宜的土壤中。

土质会影响蔬菜栽培的种类、产品的化学组成和结构。我国北方气候寒冷、少雨、土壤风化较弱，土壤中沙粒、粉粒含量较多，黏粒较少。沙土在北方分布广泛，这种土壤颗粒较粗，保肥、保水力差，通气、通水性好，蔬菜生长后期，易脱肥水，不抗旱，适于栽培早熟薯类、根菜、春季绿叶菜类。在沙土中生长的蔬菜，早期生长快，外观美丽，但根部老化快，植株易早衰，抗病、耐寒、耐热性都较弱，产品品质差，味淡，不耐贮。我国黄土高原、华北平原、长江下游平原、珠江三角洲平原均为沙壤土，质地均匀，粉粒含量高，物理性能好，抗逆能力强，通气透水，保水、保肥和抗旱力强，适合于栽种任何蔬菜，其产品品质和耐贮性都好。在平原洼地、山间盆地、湖积平原地区为黏土，以黏粒占优势，质地黏重，结构致密，保水、保肥力大，通气、透水力差，适于种植晚熟品种蔬菜，植株生根慢，生长迟缓，形小不美观，但根部不易老化，成熟迟、抗病、耐寒、耐热性强，产品品质好，味浓，耐贮藏。

例如，在排水与通气良好的土壤中栽培的萝卜（图1-2-23），贮藏中失水较慢；而莴苣（图1-2-24）在沙质土壤中栽培的失水快，在黏质土壤中栽培的失水则较慢。

图1-2-23　栽培的萝卜

图1-2-24　莴　苣

三、农业技术人为因素的影响

农业技术人为因素包括施肥、灌溉、病虫害防治、品质管理和蔬菜生长调节剂等。

（一）施肥

施肥（图1-2-25）对蔬菜的品质及耐贮性有很大的影响。肥料是影响蔬菜发育的重要因素，最终将关系到蔬菜的化学成分、产量、品质和耐贮性。在蔬菜的生长发育过程中，除了适量施用氮肥外，还应该注意增施有机肥和复合肥，特别应适当增施磷（图1-2-26）、钾（图1-2-27）、钙肥和硼、锰、锌肥等，这一点对于长期贮藏的蔬菜显得尤为重要。只有合理施肥，才能提高蔬菜的品质，增加其耐贮性和抗病性。如果过量施用氮肥，蔬菜容易发生采后生理失调，产品的耐贮性和抗病性会明显降低，因为

图1-2-25　施　肥

产品的氮素含量高，会促进产品呼吸，增加代谢强度，使其容易衰老和败坏，而钙含量高时可以抵消高氮的不良影响。如氮肥过多，会降低番茄果实的品质，减少干物质和抗坏血酸的含量。

图1-2-26　磷　肥

图1-2-27　钾　肥

适量施用钾肥，不仅能使果实增产，还能使果实产生鲜红的色泽和芳香的气味。例如，缺钾会延缓番茄的完熟过程，因为钾浓度低时会使番茄红素的合成受到抑制。土壤中缺磷，果实的颜色不鲜艳，果肉带绿色，含糖量降低，贮藏中容易发生果肉褐变和烂心。缺钙对蔬菜质量影响很大，大白菜缺钙，易发生干烧心病等。蔬菜在生长过程中，适量施用钙肥，不仅可提高品质，还能有效防止上述生理病害的发生。

施肥过量或者在某些地区土壤条件下施入肥料的比例不恰当，对蔬菜产品的耐贮性有不良影响。同样，土壤中植物所必需的营养元素含量不足，会导致其产品发育不良，也会降低蔬菜的耐贮性。施用有机肥料，土壤中微量元素缺乏的现象较少，所以应重视有机肥的应用。在蔬菜贮藏中，因生理失调导致的贮藏损失最为严重，其主要原因是矿物质营养的不适宜，如钙、氮、磷、钾、镁和硼的元素含量及其比例不当。因此，应特别注意施肥管理与蔬菜贮藏密切结合，运用科学的施肥技术增进蔬菜的耐贮藏能力。

小贴士

吃了施过化肥的蔬菜，对身体有害吗？

农家有机肥料中含有大量的有机物质和多种植物营养元素，它能够改良和供应蔬菜养分。而化学肥料则具有肥分浓厚、肥效快、运输和施用都很方便的优点，所以在施用农家肥料的基础上，增施化学肥料，对提高蔬菜产量有很大的作用。

化学肥料一般都是简单的无机盐类，例如硫酸铵中的氮素是铵的形态，因此硫酸铵是一种铵盐。过磷酸钙中的磷素是磷酸的形态，过磷酸钙也就磷酸盐。这些盐类都能溶化在水里，施到土壤中以后可以直接被植物吸收利用，因此肥效较快。农家肥料中所含的养分大部分是有机形态的，但是经过腐熟分解以后，也转变成为铵盐、磷酸盐或硝酸盐等简单的无机盐类而被植物吸收。所以不论施用农家肥料或是化学肥料，最后都是以各种无机盐类来供植物吸收。这两类肥料对蔬菜所供应的养分，在成分和性质上基本上是一样的，仅仅是肥效快慢不同，当然，有机肥料中的有机物质，还有改良土壤结构的作用，其中还含有一些刺激植物生长的物质，而化学肥料没有这种作用。

有人顾虑施用化学肥料会使蔬菜有毒，怀疑吃了施过化肥的蔬菜会对身体有害，这是多余的，施用化肥正如施用农家肥料一样，不会使蔬菜变质，食用后对身体没有危害。

（二）灌溉

水分是保持蔬菜正常生命活动所必需的，土壤水分的供给对蔬菜的生长、发育、品质及耐贮性有重要的影响，含水量太高的产品不耐贮藏。大白菜、洋葱采前1周不要浇水，否则耐贮性会下降。洋葱在生长中期如果过分灌水会加重贮藏中的颈腐、黑腐、基腐和细菌性腐烂。番茄在多雨年份或久旱骤雨，会使果肉细胞迅速膨大，从而引起果实开裂。在干旱缺雨的年份或轻质土壤中栽培的萝卜，贮藏中容易糠心，而在黏质土中栽培的，以及在水分充足年份或地区生长的萝卜，糠心较少。出现糠心的时间也较晚。在大白菜蹲苗期，土壤干旱缺水，会引起土壤溶

图1-2-28　灌　溉

液浓度增高，阻碍钙的吸收，易发生干烧心病。可见，只有适时、合理地灌溉，才能既保证蔬菜的产量和质量，又有利于提高其贮藏性能（图1-2-28）。

（三）田间病虫害防治

病虫害不仅可以造成蔬菜产量降低，而且对蔬菜的品质和耐贮性也有不良影响，因此，田间病虫害的防治（图1-2-29、图1-2-30）是保证蔬菜优质高产的重要措施之一。贮藏前，那些有明显症状的产品容易被挑选出来，但症状不明显或者发生内部病变的产品却往往被人们忽视，它们在贮藏中发病、扩散，从而造成损失。

图1-2-29　黄板诱杀

图1-2-30　田间病虫的防治方法

目前，杀菌剂和杀虫剂种类很多，在防治病虫害时，使用药剂的种类、浓度和配方均影响蔬菜的品质，必须注意使用药剂对蔬菜产品安全性的影响，以免污染蔬菜产品，造成不良后果。

（四）品质管理

适当的修剪可以调节蔬菜营养生长和生殖生长的平衡，使果实在生长期间获得足够的营养，从而影响果实的化学成分，因此修剪也会间接地影响果实的耐贮性。番茄（图1-2-31）、西瓜（图1-2-32）等蔬菜在种植过程中，要定期进行去蔓、打杈，及时摘除多余的侧芽，其目的是协调营养生长和生殖生长，以期获得优质耐贮的蔬菜产品。

图1-2-31　番茄修剪　　　　　　　图1-2-32　西瓜修剪

适当地疏花、疏果也是为了保证蔬菜正常的叶、果比例，使果实具有适宜的大小和优良的品质。在种植中，疏花工作应尽量提前进行，这样可以减少植株体内营养物质的消耗。疏果工作一般应在果实细胞分裂高峰期到来之前进行，这样可以增加果实中的细胞数，疏果较晚只能使果实细胞膨大有所增加，疏果过晚，对果实大小影响不大。因为疏花、疏果影响到果实细胞的数量和大小，也就影响到果实的大小和化学组成，所以在一定程度上也就影响了蔬菜的耐贮性。

（五）生长调节剂处理

生长调节剂对蔬菜的品质影响很大。在提高蔬菜产量、品质方面以及在蔬菜贮藏中的保鲜、保色、保味上都有明显的效果。采前喷洒生长调节剂，是增强蔬菜产品耐贮性和防治病害的有效措施之一。

如细胞分裂素、赤霉素等。细胞分裂素（图1-2-33）可促进细胞的分裂，诱导细胞的膨大，赤霉素（图1-2-34）可以促进细胞的伸长，二者都具有促进蔬菜生长和抑制成熟衰老的作用。结球莴苣采前喷洒10毫克/千克的苄基腺嘌呤（BA），采后在常温下贮藏，可明显延缓叶子变黄。用20～40毫克/千克的赤霉素浸蒜薹基部，可以防止蒜苞的膨大，延缓衰老。

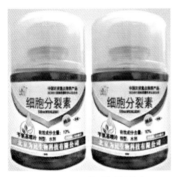

图1-2-33　细胞分裂素　　　　图1-2-34　赤霉素

如矮壮素（CCC）（图1-2-35）、青鲜素（马来酰肼MH）（图1-2-36）、多效唑（对氯丁唑PP333）等。西瓜喷洒矮壮素后所结果实的可溶性固形物含量高，瓜变甜，贮藏寿命延长。洋葱、大蒜在采前2周喷洒0.25％的青鲜素，可明显延长采后的休眠期，如浓度过低，效果不明显。

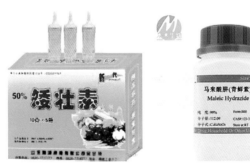

图1-2-35　矮壮素　　　　图1-2-36　青鲜素

小贴士

植物生长调节剂会危害我们的健康吗？

问题1：催熟剂、膨大剂到底是什么？除了催熟和膨大，还有些什么用途？

催熟剂、膨大剂都是老百姓的俗称，它们都是植物生长调节剂的一种。植物生长调节剂是20世纪30年代在世界各国开始使用的一类新型农业投入品。在分类管理上，我国曾经把它按肥料来管理，1997年《农药管理条例》把它调整为农药来进行管理。目前，我国登记使用的植物生长调节剂有38种，国际上登记使用的有100多种。从功能上分，植物生长调节剂还有促进生根发芽、促进生长、调整花期、抑制生长、矮化植株等作用，如防落素用于番茄保花保果，赤霉素用于水稻制种，缩节胺用于抑制棉花徒长，吲哚丁酸用于葡萄等园艺作物的苗木繁育等。

问题2：我们平常吃的蔬菜、水果是不是都用过催熟剂、膨大剂或者其他植物生长调节剂呢？

并不是所有地区、所有作物上都使用植物生长调节剂，实际上大家比较关注的膨大剂和催熟剂等植物生长调节剂，只是在特定区域、特定作物、特定生产方式和特定环节上使用。比如，催熟剂主要用于香蕉、芒果的采后环节；膨大剂主要用于部分老品种的猕猴桃、葡萄以及温室和塑料棚冬、春季节生产的甜瓜等，像叶菜类蔬菜、其他水果生产都不需要使用。

问题3：番茄一抹就变红，黄瓜一抹就变粗，这样生产出来的蔬菜人吃了到底会不会有害？

一抹就红、一抹就粗，植物生长调节剂还没有这么神奇。前面专家介绍过，植物生长调节剂只是在必要时才使用，不是什么蔬菜水果都使用。

即便使用过植物生长调节剂的农产品也是安全的，人吃了不会危害健康。比如常用的膨大剂氯吡脲，急性经口半致死量为4 918毫克/千克，而食盐是3 000毫克/千克，也就是说，它的毒性比食盐还低。一个人一生天天吃使用了氯吡脲的番茄，一天要吃30千克才有可能对他的健康产生影响。

而且植物生长调节剂降解非常快，多数植物生长调节剂在使用后3～10天内都可以完全降解，因此，蔬菜水果中就算有残留，也是非常少的。

此外，我国在植物生长调节剂登记评价时，已经设定了100倍以上的安全系数，即使农民在种植中违规、超量使用，也是在安全系数的控制范围内，远远达不到有害剂量。根据多年来的残留监测结果表明，从未出现过植物生长调节剂残留超标的现象。

注：想了解更多生长调节剂的知识，请查看以下网址内容。
http://www.ncbst.cn/Article/ShowArticle.asp?ArticleID=898375

专题三 蔬菜贮藏保鲜的采后品质变化原因

蔬菜在贮藏中仍然是有生命的机体，它需要抵抗不良环境和致病微生物的侵害，保持品质，减少损耗，延长贮藏期。因此，在贮藏过程中必须维持新鲜蔬菜的正常生命过程，尽量减少外观、色泽、重量、硬度、口味、香味等的变化，以达到保鲜的目的。

蔬菜产品采收后仍然是一个活体，仍在进行旺盛的生命活动，不断消耗在田间生长期间积累的各种物质并且会蒸发水分，以及进行一系列新陈代谢等生理作用，直接影响到蔬菜的品质。例如萝卜发芽、糠心，部分蔬菜采后的褐变、过熟或失水等。

一、呼吸作用引起的品质变化

蔬菜的呼吸作用是指呼吸底物在一系列酶的作用下将生物体内的复杂有机物分解为简单物质并释放能量的过程。蔬菜在呼吸过程中产生的能量，除维持蔬菜自身的生命活动外，一部分以热能的形式释放出来，即呼吸热，它使蔬菜体温增高，进而促进呼吸作用，导致体内有机物消耗更快，使蔬菜贮藏期缩短。可以说物质的降解和各种生理生化过程的进行均与呼吸强度呈正相关，即呼吸强度越大消耗的养分就越多。蔬菜贮藏寿命的长短受呼吸作用强弱的限制，呼吸作用越强，蔬菜贮藏寿命就越短。当然正常的呼吸作用维持着生命活动，增强对病害的抵抗力，有利于贮藏，但过分强烈的呼吸作用则对贮藏不利，因此在贮运过程中要控制呼吸强度。影响呼吸强度的因素有：

（一）自身因素

蔬菜的发育年龄及成熟度均会影响细胞的原生质含量及活动能力，幼龄期间细胞内的原生质含量丰富、呼吸强度高。一般情况下，高温地区和高温季节生长成熟的园艺产品呼吸强度大；果类（图1-3-1）产品的呼吸强度大于根茎类（图1-3-2）产品，小于叶类（图1-3-3），叶类产品又小于花菜类（图1-3-4）产品。

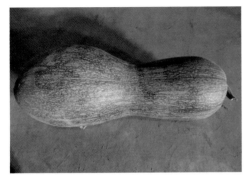

图1-3-1　果类蔬菜

图1-3-2　根茎类蔬菜

图1-3-3　叶类蔬菜

图1-3-4　花类蔬菜

（二）环境因素

首先，温度是影响呼吸强度的重要因素，在一定温度范围内，随着温度升高，酶活性增强，呼吸强度增大，而超过35℃时呼吸强度下降，这是各种有关酶活性的因素受到抑制或破坏的缘故。其次，空气中的氧气和二氧化碳浓度对果实的呼吸作用、成熟和衰老也有很大影响。适当的低氧和高二氧化碳浓度可抑制呼吸，但若氧浓度过低或二氧化碳浓度过高易产生无氧呼吸，对组织产生不可逆的伤害。此外，湿度和机械损伤都与呼吸强度有关。

二、水分蒸发作用引起的品质变化

图1-3-5 西 瓜

水分是蔬菜的主要成分，其含量因种类和品种不同而不同，大多数有80%～90%的水分，西瓜（图1-3-5）、黄瓜（图1-3-6）、番茄（图1-3-7）水分含量可达90%以上，含水量较低的也在60%左右。水分是蔬菜生命活动过程的必要条件，它影响蔬菜的新鲜度、味道以及风味物质含量。蒸发是指蔬菜在预贮、运输和贮藏中所含水分的挥发和损失，是贮藏中质量减轻的主要原因。蒸发不但使蔬菜失重、细胞膨压降低，造成萎蔫，失去新鲜饱满感觉，而且当水分损失大于5%时，还会影响正常的呼吸作用，促使酶活性趋于水解，加速组织降解，促进组织衰老，并削弱蔬菜固有的贮藏性和抗病性。

图1-3-6 黄 瓜

图1-3-7 番 茄

影响水分蒸发的因素有：

（一）自身因素

自身因素包括品种、成熟度及化学成分。一般来说，表面积与质量比值小的、成熟度高、保护层厚的、表皮组织结构紧密的蔬菜，水分不易蒸发；原生质中亲水胶体和可溶性固形物含量高的细胞，保持水分能力强，蒸发也慢。

（二）外在因素

首先，空气湿度是影响蒸发的直接因素，环境中相对湿度越大，水分蒸发越不容易，反之则易蒸发。其次，温度也与蒸发密切相关，高温促进蒸发；另外，空气流动即风速会带走蔬菜的水分，加快蒸发速度。

三、乙烯引起的品质变化

乙烯是一种调节蔬菜生长、发育和衰老的植物激素。果实在后熟期中呼吸作用急剧增强，然后减弱，称为呼吸跃变。跃变型果实（如番茄等）（图1-3-8）在发育期和成熟期的内源乙烯含量变化很大，在果实未成熟时乙烯含量很低，在果实进入成熟阶段时会出现乙烯高峰，与此同时果实内部的淀粉含量下降，可溶性糖含量上升，有色物质和水溶性果胶含量增加，果实硬度和叶绿素含量下降，果实特有的色、香、味出现，食用品质达到最佳。非跃变型果实（如黄瓜等）（图1-3-9）在整个发育过程中内源乙烯含量没有很大的变化，在成熟期间乙烯产生量比跃变型果实少得多。

图1-3-8 番 茄　　　　　图1-3-9 黄 瓜

对于呼吸跃变型果实来说，若抑制乙烯产生，呼吸跃变可被推迟，延缓后熟衰老，延长果实贮藏期。而空气中的外源乙烯可使呼吸高峰提前到来，在一定范围内乙烯浓度越大，呼吸跃变出现越早。果实对乙烯的敏感程度与果实的成熟度密切相关，许多幼果对乙烯的敏感度很低，要诱导其成熟，不仅需要较高的乙烯浓度，而且需要较长的处理时间，随着果实成熟度的提高，对乙烯的敏感度越来越高。避免和减少乙烯的措施有：

（1）合理选果，不混藏

非跃变型果实不与大量释放乙烯的果实混藏；选择无机械损伤、无病虫害和成熟度较高的果实贮藏。

（2）低温

乙烯在0℃左右时，合成能力极低，温度上升时乙烯生成加快。

（3）气体成分

低氧可抑制乙烯的合成，高浓度二氧化碳也可抑制乙烯合成，还能抑制乙烯对果实的成熟效应。

（4）及时排除乙烯

适当通风，除去乙烯；用浸过高锰酸钾的载体除去乙烯。

四、酶对蔬菜品质的影响

酶是蔬菜细胞内所产生的一类具有催化功能的蛋白质，体内的一切生化反应几乎都是在酶的作用下进行的。酶促褐变发生在新鲜植物组织中。蔬菜在采收脱离母体以后，组织仍在进行活跃的新陈代谢活动，在酶的作用下形成褐色素，称机能性褐变。若植物组织发生机械性损伤，与氧气接触，由酶所催化发生的褐变称为酶促褐变（图1-3-10）。

图1-3-10　酶促褐变现象

抗坏血酸是抗褐变最适用的化合物，故使用较多。易褐变的组织经0.1%抗坏血酸溶液处理后，就能有效地控制褐变。柠檬酸能使抗坏血酸增效，多酚氧化酶在pH为3以下时已明显无活性。更简易的临时控制褐变的方法是将蔬菜浸于食盐溶液中，这是工厂或家庭进行蔬菜加工时常用的办法。二氧化硫也是有效的酶促褐变控制剂。另外，由于酶的蛋白质性质，一切影响蛋白质的因素都同样可以使酶变性失活，例如通过低温处理，这也是冷藏的原理之一。

五、生理病害引起的品质变化

（一）侵染性病害

蔬菜贮藏过程中微生物病害是引起采后蔬菜商品腐烂和品质下降的主要原因之一。在生产实践中，微生物病害普遍发生，因而会造成很大的损失。微生物病害是指病原微生物的入侵而引起蔬菜腐烂变质的病害，它能相互传播，有侵染过程，也称为侵染性病害。

微生物病害除了与病原菌的寄生性有关以外，还与寄主的抗性以及温度、湿度、气体成分等环境因素有关。一般寄主抗性越强，染病率越低。伤口是病菌侵入的主要门户，所以在蔬菜采收及贮运的过程中要尽量避免机械损伤。果实发生冷害、冻害、低氧或者高二氧化碳伤害后，对病菌的抵抗力降低，易发病。

（二）冷害

简单来说，许多蔬菜都有适当的低温限度，低于这个限度，就会因为代谢失调引起低温伤害，即冷害。冷害的常见症状是果面上出现凹陷斑点、水渍状病斑、萎蔫，果皮、果肉或种子变褐，不能正常后熟，风味变劣，出现异味甚至臭味，加速腐烂。例如豆角（图1-3-11）。不同蔬菜的冷害症状有所区别。冷害症状通常是蔬菜处于低温下出现的，但有时在低温下症状并不明显，移到常温后呼吸反常，很快腐烂。冷害临界温度以下的温度可分为高、中、低3档，贮藏在高档温度下的蔬菜，生理伤害轻，所以症状也轻，低档温度下生理伤害最重，但症状因温度很低而表现慢甚至受到抑制，所以看起来也较轻，但转入常温后则会发生爆发性的变化；中档温度介于两种情况之间，所以在贮藏中就显得较其他2个温度档次严重。如黄瓜（图1-3-12）在4～5℃的低温下贮藏会腐烂。冷害不同于冻害，是由0℃以上的不适低温而非冻结温度造成的生理伤害，这种生理伤害最快、最重，在7～9℃的黄瓜基本无冷害症状，而1～2℃的黄瓜表面看起来很正常，但移至室温则几小时就出现腐烂症状，货架期非常短。一般原产于热带、亚热带地区的蔬菜及地下根茎类蔬菜对低温比较敏感，如青椒、番茄、黄瓜、茄子、西瓜、冬瓜、豆角、姜、甘薯等，贮藏适温一般都在7℃甚至更高，而叶菜类则对0℃以上的低温不敏感。对低温敏感的产品，在不适低温下时间越久，冷害程度越重。

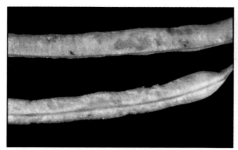 

图1-3-11　豆角冷害　　　　　　　　图1-3-12　黄瓜冷害

（三）冻害

蔬菜在冰点以下的低温中，导致组织结冰引起的伤害叫冻害。受冻害的蔬菜色素降解，组织变为透明或半透明，呈水泡状，有些组织产生褐变，解冻后有异味。一般蔬菜由于含水量多在90%以上，贮藏温度不应低于0℃。个别蔬菜含可溶性物质（主要是糖）较高，冰点会更低。贮藏中一旦出现冻害，不应搬动和翻动，在4～5℃的条件下缓慢回冻，可使组织恢复正常；若解冻温度较高，则冰晶溶化过快，细胞不能全部吸收水分而失流，造成细胞脱水干枯；而温度过低，解冻慢，组织冻结时间长造成永久伤害。有些蔬菜耐寒力较强，当温度不太低受冻程度又不太严重时，解冻后可以恢复原有的生理机能和形态。

例如菠菜（图1-3-13）冻至 $-9℃$，解冻后可复鲜，而有的蔬菜如番茄，只要一受冻，就会造成永久性伤害。

图1-3-13　菠　菜

（四）气体伤害

气体伤害一般常见的有低氧伤害和高二氧化碳伤害。一般氧含量低于2%时，蔬菜正常的呼吸作用受到影响，进行无氧呼吸，产生和积累大量代谢产物毒害组织细胞。低氧伤害的症状主要表现为表皮局部组织下陷和产生褐色斑点，有的果实不能正常后熟，并有异味。二氧化碳低于5%时，大多数蔬菜不会造成伤害，但品种间差异较大，如番茄在1%的二氧化碳中就会产生伤害，而蒜薹

图1-3-14　蒜　薹

（图1-3-14）能忍受7% ~ 8%的二氧化碳浓度。蔬菜受高二氧化碳伤害最明显的症状是产生褐色斑点、凹陷，受害组织的水分很容易被附近组织消耗产生空腔，严重时大面积凹陷，果实变软、坏死，并有很重的酒精味。如番茄表皮凹陷，出现白点逐渐变褐，果实变软并有浓厚的酒味。

六、物理损伤引起的品质变化

蔬菜表皮和肉质十分娇嫩，在收获、贮藏、运输中，如有不慎，就会造成表皮组织机械损伤。在受损害的这部分组织中，酶活力异常增高，呼吸强度、蒸发强度急剧上升，内源乙烯暴发性增加，使蔬菜变色变味，食用品质下降。开放性伤口是微生物侵入的通道，易导致果实腐烂。另外，在运输中还要避免和减少振动，以免引起机械损伤和生理伤害，影响贮藏。

专题四 蔬菜贮藏保鲜的采后品质变化控制

蔬菜采收后，失去了外界的养分供应，品质逐渐衰变下降。如何控制蔬菜采后品质衰变的过程，从而更好地延长蔬菜保鲜的时间，减少蔬菜品质下降带来的损失就变得至关重要。

选择具有良好耐贮性、抗病性的种类和品种进行贮藏是取得成功的基础。但是生物体是离不开环境的，环境条件无时无刻不在影响着采后的蔬菜质量。因此，优质蔬菜采后是否能充分发挥其耐贮性、抗病性，尽可能延缓机体后熟衰老的变化，在很大程度上决定于蔬菜贮藏的环境和处理方法。

一、环境温度的控制

温度对蔬菜产品贮藏的影响，表现在对呼吸、蒸腾、成熟、衰老等多种生理作用上。在一定范围内随着温度升高，各种生理代谢加快，对贮藏产生不利影响，因此低温是各种蔬菜产品贮藏和运输中普遍采用的技术措施。

图1-4-1 甘 蓝

各种蔬菜产品都有其适宜的贮藏温度。原产于寒温带的甘蓝（图1-4-1）、花椰菜（图1-4-2）、胡萝卜（图1-4-3）、洋葱、蒜薹等许多种蔬菜产品的贮藏适温在0℃左右。而原产于热带和亚热带的蔬菜产品，它们的系统发育是在较高的温度下进行的，故对低温比较敏感，在0℃下贮藏易发生冷害。

图1-4-2 花椰菜　　　　　　　　图1-4-3 胡萝卜

　　能够保持蔬菜产品固有的耐贮性的温度，应该是使蔬菜产品的生理活性降低到最低限度而又不会导致生理失调的温度水平。为了控制好贮藏适温，必须搞清楚贮藏蔬菜产品所能忍受的最低温度，贮藏适温就是接近于其不致发生冷害或冻害的最低温度。另外，贮藏温度的稳定也很重要，冷库温度的变化一般应控制在贮藏适温1℃左右的变动范围内。

二、环境相对湿度的控制

　　蔬菜采后由于不断进行蒸发作用而失水，会引起蔬菜品质变化及缩短贮藏寿命。相对湿度对于水分散失是一个重要指标，高湿条件可以减少水分蒸发，从而降低由于失水引起的不良变化。但是也不是所有的蔬菜都适宜于高湿贮藏，要视具体贮品而定，像大蒜（图1-4-4）、洋葱（图1-4-5）、干辣椒，蜡质很厚、老熟的冬瓜、南瓜则不需要高湿环境。

图1-4-4 大　蒜　　　　　　　　图1-4-5 洋　葱

另外，控制环境湿度，一定要与温度结合起来。低温贮藏才可配以高湿（一般指90%～95%的相对湿度）。贮温提高，往往需要适当降低湿度，以防病防腐。

三、环境气体成分的控制

在一定温度与湿度条件下，可以通过调节环境中的气体成分来达到更有效的抑制呼吸、延缓品质变劣等目的。在正常空气中，氧气占20.9%，二氧化碳占0.03%。如果贮藏环境中，大幅度降低氧气分压，提高二氧化碳分压，会明显降低产品呼吸强度和乙烯的产生，可以延缓跃变型果实呼吸高峰来临，抑制叶绿素的降解，抑制某些酶活性，减少腐烂，减弱果胶物质分解，从而使贮藏寿命延长。

不同蔬菜最适宜的气体指标有较大差异，就氧气浓度来说，如果氧气极度不足，则组织进行无氧呼吸，产生和积累大量的挥发性代谢产物（如乙醇、乙醛、甲醛等），毒害组织细胞，产生异味，使风味品质恶化。不同蔬菜品种和不同成熟度的果实对二氧化碳的敏感性也不一样，芹菜（图1-4-6）、绿熟番茄（图1-4-7）等对二氧化碳较敏感，而蒜薹对二氧化碳的忍耐力相对较强，在二氧化碳为6%～8%的气调环境下冷藏可贮8个月左右也不会发生任何伤害。

图1-4-6　芹　菜

图1-4-7　绿熟番茄

四、化学处理

（一）成熟和衰老延缓剂

1.细胞激动素

6-苄基腺嘌呤（6-BA）对叶菜类、辣椒、黄瓜等叶绿素的降解和衰老有延缓作用，高温下贮藏效果更明显。一般使用浓度为5～20毫克/升，处理萝卜、花椰菜、莴苣、菠菜等都能延长货架期，保持叶绿素稳定（图1-4-8）。

图1-4-8　细胞激动素

图1-4-9　赤霉素

2.赤霉素

赤霉素（GA）有抑制瓜果叶绿素分解的作用。茄子收获后用GA处理，能显著延长贮藏期，防止蔬菜衰老（图1-4-9）。

3.生长素

2,4-D、萘乙酸（NAA）（图1-4-10）、吲哚乙酸（IAA）（图1-4-11）等有促进生长、抑制成熟、抑制衰老的作用。用40毫克/升萘乙酸（NAA）处理洋葱叶，可延长葱头的贮藏期。

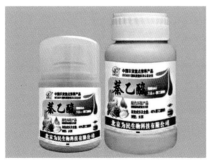

图1-4-10　萘乙酸

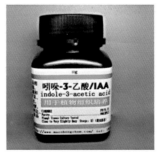

图1-4-11　吲哚乙酸

4.乙烯吸收剂

高锰酸钾（图1-4-12）是目前实用有效的乙烯吸收剂。

5.熏蒸剂

代甲烷和甲酸甲酯（图1-4-13）能抑制霉菌生长，甲酸甲酯抑制蔬菜成熟效果更好。

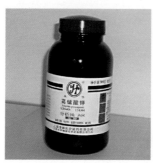 

图1-4-12　高锰酸钾　　　　　图1-4-13　甲酸甲酯

（二）成熟和衰老加速剂

1.乙烯利

乙烯利是一种较为广泛的催熟剂，通过释放乙烯起催熟作用（图1-4-14）。

2.脱落酸

脱落酸可刺激果实中乙烯的形成，它抑制脱氧核糖核酸和蛋白质的合成。可加速叶绿素的破坏，增加类胡萝卜素的形成，乙烯含量上升，促进果实成熟和衰老。

图1-4-14　乙烯利

3.醇类

番茄应用乙醇（图1-4-15）时，可起不同程度的催熟作用。

图1-4-15　乙　醇

小贴士

这些成熟和衰老延缓剂、成熟和衰老加速剂，同样属于植物生长调节剂的范畴。在农业生产上使用，可有效调节作物的生育过程，达到稳产增产、改善品质、增强作物抗逆性等目的。

按照登记批准标签上标明的使用剂量、时期和方法使用植物生长调节剂，对人体健康不会产生危害。如果使用上出现不规范，可能会使作物过快增长，对农产品品质和口感会有一定影响，但对人体健康不会产生危害。

五、辐射处理

电离辐射可抑制蔬菜产品的成熟和衰老以及蔬菜的发芽，抑制病虫的繁衍和危害，从而延长蔬菜产品的贮藏寿命。γ射线的穿透力很强，透过机体时，会使机体中水分和其他物质发生电离作用而产生离子，从而影响机体新陈代谢。

辐射处理一般都用较低剂量（1 000 ~ 10 000戈瑞），例如，马铃薯辐射处理后出芽大大减少。

模块二

蔬菜贮藏保鲜基本方法

专题一　简易贮藏保鲜

简易贮藏保鲜是为了调节蔬菜供应期所采用的一类较小规模的贮藏方式，它不能人为地控制贮藏温度，而是根据外界温度的变化来调节或维持一定的贮藏温度。

简易贮藏包括堆藏、沟藏（埋藏）和窖藏三种基本形式，以及由此而衍生的假植贮藏和冻藏，还包括比较完善的通风库贮藏等。这类贮藏方式是我国劳动人民在长期生产实践中发展起来的，各地都有一些适于本地区气候特点的典型贮藏方法，积累了一定的经验，取得了一定的贮藏效果。虽然它们在使用上受到一定程度的限制，但仍然是目前我国农村普遍采用的贮藏方式。

一、堆藏

堆藏（图2-1-1）是将蔬菜直接堆放在田间、空地或浅沟（坑）中，根据气温的变化，用隔热材料，如苇席、草帘、作物秸秆、泥土等，分层加盖，以维持适当的温度，达到防冻、防热、防晒目的的一种贮藏方法。本方法受地温影响较小，主要受气温的影响，因此贮藏

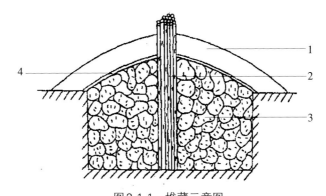

图2-1-1　堆藏示意图

1.覆土　2.向日葵秆把　3.贮藏物　4.禾秆覆盖物

效果的好坏在很大程度上取决于覆盖的方法、时间及厚度等因素。另外，堆藏不宜在气温较高的地区应用，而适用于在比较温暖地区的晚秋、冬季及早春贮藏，在寒冷地区只用作秋冬之际的短期贮藏，如大白菜、甘蓝、洋葱、马铃薯等。

案例：洋葱堆藏法

　　将准备贮藏的洋葱，经过严格筛选后，在8月中下旬脱离休眠之前放进窖、库贮藏。可采取散堆存放，堆宽1.5米，高0.5～0.7米，长度不限。

二、埋（沟）藏

　　埋（沟）藏（图2-1-2）是将蔬菜堆放在沟内或坑内，放一层或多层，然后根据气温的变化分次进行覆土，达到一定的覆土厚度进行贮藏的一种方法。温暖地区沟可浅些，覆土薄一些；寒冷地区沟可深一些，覆土厚一些。埋（沟）藏法主要用于贮藏根菜、叶菜类。与堆藏

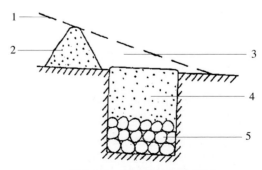

图2-1-2　埋（沟）藏示意图
1.光线　2.土堆　3.遮阳　4.覆土　5.贮藏物

不同，埋（沟）藏主要受地温影响，故埋（沟）藏的保温、保湿性能比堆藏好。该法多适宜在冬季和春季使用。采用埋（沟）藏时，入贮前期的通风散热和根据蔬菜种类及气候条件进行覆土等，是值得重视的问题。

案例：山药埋藏法

在水泥地板上，用砖砌起高1米左右的埋藏坑，先在坑底铺上厚约100毫米经过日晒的干细泥土或干黄沙，然后将经挑选、摊凉透的山药，逐层埋在泥（沙）里，距坑口10厘米左右时用泥沙封口。贮藏期间，要定期（1个月左右）检查，发现病烂的山药应及时剔除。

三、窖藏

窖藏是在埋（沟）藏的基础上发展起来的一种贮藏方式。其优点是可以自由进出窖，便于产品的运进和运出，便于通风调节温度、湿度，也便于对产品进行检查，贮藏效果好，因而在我国北部地区农村被广泛采用。具体又可分为棚窖、窑窖与井窖等类型。

（一）棚藏

棚窖（图2-1-3）根据入土深浅可分为半地下式和地下式。在温暖或地下水位较低的地区，多采用半地下式窖，即先挖一个长方形窖身，入土1～1.3米深，然后在沟的四周筑高0.6～1米的土墙，在土墙上盖棚顶。在较寒冷的地区多采用地下式，即窖身全部在地下，入土深2.5～3米，仅窖顶露出地面，其保温效果较好，可避免冻害。窖内温度可依靠通风换气调节，因此建窖时需设有天窗。此外，还可在半地下式棚窖窖墙的基部及两端窖墙的上部开设窖眼，起辅助通风的作用。

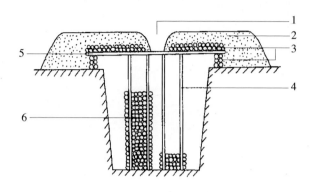

图2-1-3　棚窖示意图

1.天窗　2.覆土　3.秫秸捆　4.支柱　5.横梁　6.贮藏物

（二）窑窖与井窖

窑窖（图2-1-4）是充分利用地形特点，在原土层中挖洞建成的。一般窖底和窖顶由窖门向内缓慢降低，坡降为0.5%～1%，这种结构有利于窖内空气对流。排气筒设于窖身后部，穿过窖顶部土层，砌出地面。为控制排气量，在排气筒下部与窖身连通的部分设有活动天窗。

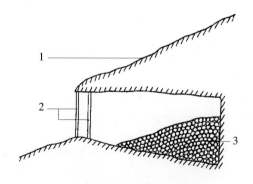

图2-1-4　窑窖示意图

1.山坡　2.窖门　3.贮藏物

在地下水位低、土质黏重坚实的地区（如西北黄土高原）可修建井窖（图2-1-5）。井窖的窖身深入地下，窖洞的顶呈拱形，底面水平或呈10∶1的坡度。井筒口应围土并做盖，四周挖排水沟，有的在井盖上设置通风口。

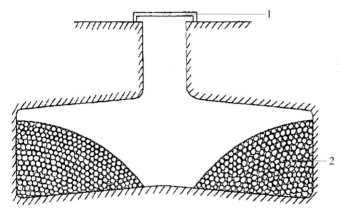

图2-1-5　井窖示意图
1.木盖　2.贮藏物

案例：黄瓜窖藏法

贮藏黄瓜的窖一般长5米、宽2米、深1.5～2米。利用挖出的土，培成高0.7米的窖帮。窖的底部和四壁都要衬上脱叶的秸秆。然后码放黄瓜，堆高一般不高于0.7米。也可摆一层黄瓜，摆一层秸秆，如此摆放5～6层。在贮藏期间，要保持密闭，同时，注意检查，剔除腐烂瓜条。此法可贮藏30～50天，损耗率为10%左右。

四、冻藏

冻藏是埋（沟）藏和窖藏的特殊利用形式。冻藏是在入冬上冻时

图2-1-6　绿叶蔬菜

将收获的蔬菜放在背阴处的浅沟内，稍加覆盖。利用自然低温使蔬菜入沟后能迅速冻结，并且在整个贮藏期间始终保持冻结状态。冻藏主要应用于耐寒性较强的菠菜、芫荽、油菜、芹菜等绿叶菜（图2-1-6）。由于贮藏温度在0℃以下，可有效抑制蔬菜的新陈代谢和微生物的活动，食用前经缓慢解冻，仍能恢复新鲜状态，并保持其品质。

案例：大葱冻藏法

在东西向墙北侧挖0.1～0.2米深、1～2米宽的浅沟，将经晾晒的大葱捆成7～10千克的捆，竖排存放于沟内。贮藏初期将葱捆上部敞开，每周翻动一次，使葱叶全部干燥。天气转寒待葱白微冻时，给葱培土，顶部用草帘子盖住。此法贮藏损耗最小。

五、假植贮藏

假植贮藏是把带根收获的蔬菜密集假植在沟或窖内，使蔬菜处在极其微弱的生长状态中，抑制其生长的一种贮藏方法。这种方法适用于芹菜、油菜、莴苣、水萝卜等蔬菜。这些蔬菜由于其结构和生理上的特点，用一般方法贮藏易脱水萎蔫，代谢反常，假植贮藏可使蔬菜继续从土壤中吸收一些水分，补充蒸腾作用的损失。

案例：芹菜假植贮藏法

  在地势较高、土壤干燥、背风向阳处挖东西向菜窖，一般宽1.3米、长3.3米，深度应超过所贮芹菜的0.15米左右。窖壁四周用棍棒或秸秆围住，防止芹菜紧贴窖壁发生霉烂。在下霜前将芹菜入窖，采收的前一天浇足水，采收时带根挖起，将芹菜立即栽入窖内，空隙处加土填实，装满后浇足水，盖上草帘，其上再盖一层塑料薄膜。贮藏期间要经常揭开覆盖物通风散热，防止芹菜变黄。

专题二　通风库贮藏保鲜

通风库贮藏保鲜是利用自然气温降低库内温度，利用隔热材料隔绝内外热交换，从而保证库内相对稳定的低温。同时，可设置电风扇、鼓风机或采取加冰等措施，降低库内温度，提高贮藏保鲜效果。

一、通风库的特点

通风库的特点和原理与棚窖相似，也是利用自然冷、热空气对流的原理，引入外界冷空气，换出库内热空气，使库内温度降低。但是通风库是永久性的固定建筑，具有良好的隔热材料和通风设施，所以它既属于自然降温范围，又具有一定的人工调节性质。它比其他自然降温方式具有更好的保温性和降温性，贮藏应用范围广，操作管理方便，贮藏保鲜效果也比较好，是目前我国蔬菜贮藏中应用最广泛的一种贮藏方式。

二、通风库的建造

（一）库址的选择

通风库应选择在地势高燥，四周开阔，通风良好，无污染源，地下水位低，交通方便，水源、电源充足又接近蔬菜产地的地方。北方一般以南北长为宜，以减少冬季北风的迎面风，南方以东西长为宜，防止夏季库温过高，也有利于冷风进库。

（二）通风库的类型

1.地上式通风库

地上式通风库的库体全部处在地面上，靠库体内的隔热材料保温，进气口设在库墙底部，排气口设在库顶，两者高度差大，通风效果好（图2-2-1）。

图2-2-1　地上式通风库

2.地下式通风库

地下式通风库的库体全部处在地面以下，仅库顶露出地面，受土温影响大。保温效果好，但通风、降温效果差，适合在高寒地区或地下水位低的地区使用（图2-2-2）。

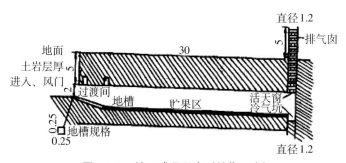

图2-2-2　地下式通风库（单位：米）

3.半地下式通风库

半地下式通风库的库体约一半处于地面以下，一半处在地面以上，适宜在较温暖的地区采用（图2-2-3）。

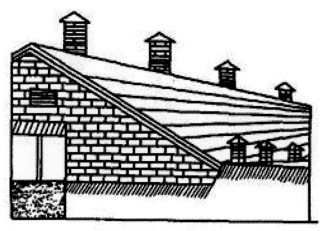

图2-2-3　半地下式通风库

（三）隔热要求

通风库的墙壁及库顶，都应具有良好的隔热性能，以隔绝库外高温或过低的气温对库内环境的影响，使库内保持一个相对恒定的低温，隔热材料阻止热量流通的能力称为热阻。热阻以 R 表示，单位是米^2·小时·℃/千焦。隔热材料传递热量的能力称为传热系数。以 K 表示，单位是千焦/（米^2·小时·℃）。热阻大，传热系数小，其隔热性能就好。通风库对隔热材料的要求是：不易吸水霉烂，无异味，不会污染蔬菜，难燃烧，重量轻，防虫、防鼠等（表2-2-1）。

表2-2-1　几种材料的隔热性能

材料名称	传热系数 [千焦/（米^2·小时·℃）]	热阻 （米^2·小时·℃/千焦）
聚氨酯泡沫塑料	0.083	12.0
聚苯乙烯泡沫塑料	0.146	6.85
聚氯丙烯泡沫塑料	0.155	6.45
膨胀珍珠岩	0.125 ～ 0.17	0 ～ 5.9
软木板	0.21	4.76

材料名称	传热系数 ［千焦/（米²·小时·℃）］	热阻 （米²·小时·℃/千焦）
刨花	0.21	4.76
秸草秆	0.25	4.0
炉渣	0.75	1.33
普通砖	2.72	0.37
干土	1.05	0.95
静止空气	0.10	10.0
铝箔波形纸	0.23	4.35
矿渣棉	0.12 ~ 0.19	0.33 ~ 5.26

在设计、建造通风库时，应根据当地资源选好隔热材料，然后计算隔热层的厚度。对于气候较温暖的地区，库体暴露部分的隔热能力，应有相当于7.6厘米厚软木板的隔热能力，热阻为0.36米²·小时·℃/千焦。寒冷地区，要具有相当于25 ~ 30厘米厚软木的隔热能力，热阻为1.2 ~ 1.7米²·小时·℃/千焦。采用其他隔热材料时，应首先根据软木板（图2-2-4）的热阻值，计算出隔热材料的厚度，满足通风的隔热要求。

图2-2-4　软木板

例如：在华中某地建一通风库，采用内外砖墙，中间夹炉渣做隔热层，砖墙厚度均为24厘米，求炉渣厚度。

解：在华中建通风库，其热阻要求为0.36米^2·小时·℃/千焦即可。

查表得知砖的热阻为0.37米^2·小时·℃/千焦，炉渣的热阻为1.33米^2·小时·℃/千焦。

设需炉渣的厚度为x，则：

$(24 \times 0.37 \div 100) \times 2 + x \cdot 1.33 \div 100 = 0.36$

$$x = \frac{0.36 - 0.18}{1.33 \div 100} = 13.6$$

答：炉渣的厚度应为13.6厘米，可以达到隔热要求。

在实际应用过程中，各地可根据本地的气候条件适当增减。

（四）通风系统

通风系统的主要作用是通风降温，通风设备是通风库的重要设施，也是区别于其他贮藏方式的一种特殊的建筑结构，利用通风设施将库内的热空气排出，引进库外新鲜空气，从而保持蔬菜贮藏环境恒定的低温。

要使库内温度下降快、库内通风速度快，就要根据库容量大小、贮藏的蔬菜种类、贮藏季节等因素合理考虑通风系统的安装量。通风面积的大小是决定库内空气流动速度与流量的关键因素，在决定通风面积时，应考虑以下几个方面：一是贮藏蔬菜的种类及呼吸强度。呼吸强度大的放出的呼吸热也较多，因此，呼吸强度大的蔬菜的通风面积就应大于呼吸强度小的蔬菜。就一般中小型库而言，每50吨的通风面积不应小于0.5米^2；二是周围的风带。风速大的地方，通风面积可适当减小，反之则增大。三是进、排气筒的高度差。二者高度差越大，形成的气压差越大，排气速度越快，通风面积可适当减小。四是在排气筒安装排风扇，加快排风速度，可减小通风面积。

进气风道一般应设在库房基部。最好能经过地下通道，因为通道温度比较稳定，湿度也比较大，进气不会引起库内温度波动过大，地道可以起到缓冲作用。

排气设施要与进气设施相匹配，使之构成一个合理的通风体系。排气设施的形式很多，要根据具体情况而定，一般排气筒应设在库顶，高出库房1米左右，每隔5～6米设置一个，每个排气筒面积不宜过大，口径40厘米×40厘米左右。排气口顶端可设置风罩，当外界气流经过风罩时，会对排气口形成抽吸力，风罩要制成活动式，并安装风向口，以便使风罩的开口始终与风向相背。

三、通风库的管理

（一）贮前准备

蔬菜入库前，要做好准备工作，如，库房的清扫、消毒，设备的检修，工具的消毒等，以保证入库时和贮藏期间运转正常。这里最重要的是库房的消毒工作，消毒的方法目前一般采用熏蒸法，可用硫黄熏蒸（10克/米³），也可用1%的甲醛溶液喷洒地面（0.03千克/米³）。将库房密封一昼夜，然后通风换气使库内空气清新后，蔬菜才能入库。

（二）库温控制

通风库的温度控制，主要是根据库内外的温差，人为地控制通风量和通风时间。在贮藏初期，一般是利用夜间或凌晨进行换气，白天关闭保温，以达到尽快降低库温的要求；严冬季节，外界气温过低，为防止蔬菜出现冻害，换气时间应选择在白天中午进行，同时加强保温措施。

（三）湿度调节

湿度是保持蔬菜新鲜状态的重要条件，当库内湿度过小时，会引起蔬菜失水萎蔫，失去新鲜状态，还会导致蔬菜抗病性和耐贮性下降，可以通过地面洒水、悬挂湿麻袋、覆盖湿草帘等方法增加湿度。在通风库出现库内湿度过高时，可采取适当通风，或在库内放置生石灰等吸湿剂，吸潮降湿。

四、通风库贮藏保鲜蔬菜案例

通风库贮藏根菜类是北方各地区常用的一种方法。这种方法贮量大，管理方便。萝卜在库内散堆成垛，堆高1.2～1.5米。堆不能过高，否则堆内温度易升高，造成萝卜腐烂。为加大通风散热效果，可在堆内每隔1.5～2米设一通风塔。贮藏中一般不倒动，立春后可视贮藏情况进行全面检查，除去病腐萝卜。在库内用湿沙土与萝卜层积，要比散堆效果好，便于保湿并积累二氧化碳。根菜类不抗寒，入窖时间应在白菜之前以防冻伤。通风库经常温度过低，这是应引起注意的问题。

专题三　机械冷藏保鲜

机械冷藏保鲜是采用机械控制贮藏环境中温度的一种较先进的贮藏保鲜方法。它的最大优点是可以创造最适宜的温度条件贮藏蔬菜，最大限度地抑制蔬菜生理代谢过程，达到比较理想的贮藏保鲜效果。

一、机械制冷原理及设备

新鲜蔬菜入库初期，向库内释放大量田间热，同时由于自身的呼吸也会产生热量，再加上库体漏热，机械、照明及工作人员等都会产生热能，这些热能都需要依靠制冷系统将其排出库外，才能保持库内的低温。这些热量的排出是利用制冷剂的状态变化来完成的。所谓制冷剂是指在制冷循环系统中，能膨胀蒸发吸收热量而产生制冷效应的物质。这些物质由液态变为气态，吸收周围的热量，产生制冷效应。如氨在−33℃时汽化，每千克可吸收1 365千焦热量。汽化了的制冷剂再经压缩，冷却液化进行气态和液态的反复循环，从而不断降低库内环境温度，达到贮藏蔬菜所需的温度条件。

在整个制冷系统中，主要设备由压缩机、冷凝器、膨胀阀和蒸发器等部分组成，即所谓制冷系统四大件，每个部件由封闭的管道连接成为循环系统，制冷剂在内部循环。制冷剂工作开始，气态制冷剂经压缩机压缩成高压气体，再经冷凝器冷凝成高压液态，这种液态制冷剂经膨胀阀迅速减压，再经蒸发器时，吸收周围环境的热量而汽化，再经压缩机压缩进入下一个循环（图2-3-1）。

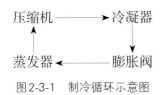

图2-3-1　制冷循环示意图

在制冷循环中，蒸发器是冷库内起降温作用的主要设备，其在冷库内的降温方式有两种：自然对流式和强制通风式。

自然对流式是将蒸发器安装在近天棚处，由于冷空气的下沉，热空气上升而发生自然对流，使库内温度降低。这种方法虽然节省了通风设施，但冷、热空气交换慢，降温速度也较慢，而且库内降温分布也不均匀。

强制通风是将蒸发器与鼓风机配合使用，利用鼓风机使冷空气流动速度加快，这样，虽然加快了降温速度，但同时也增大了蔬菜的水分蒸发，所以在鼓风的同时，应加大库内湿度的调节，保证适宜的温湿度条件。

二、耗冷量的计算

冷库必须具备足够冷却贮藏蔬菜在规定范围内的制冷能力，这就是冷库的耗冷量。冷库的耗冷量分为四个部分即库体传入热量 Q_1、贮藏产品热 Q_2、通风换气热 Q_3、操作管理热 Q_4。

（一）库体传入热

库体传入热指库房四壁和库顶及库底等围护结构和外界温差引起的库内外冷、热交换所需的耗冷量，也称漏热。其计算公式为：

$$Q_1 = kF\Delta t$$

式中，k 为库体的导热系数；F 为库体暴露的面积；Δt 为库体内外差。

（二）贮藏产品热

贮藏产品热指蔬菜产品的田间热和呼吸热所需的耗冷量：

$$Q_2 = 田间热 + 呼吸热$$
$$呼吸热 = 呼吸强度 \times 10.9 \times 蔬菜重量$$
$$田间热 = W \cdot \Delta t \cdot C$$

式中，W为蔬菜产品质量；Δt为蔬菜产品需降低的度数，即入库前的温度减去应该降低到的温度；C为蔬菜产品的比热容。

（三）通风换气热

通风换气热指由库外热空气带进库内的热量所需的耗冷量（表2-3-1）。

Q_3＝每小时通风换气的次数 × 冷库面积 × 单位体积空气的含热量

表2-3-1 引入库外空气的含热量（千焦／米^3）

库内温度	库外空气温度			
	0℃	5℃	25℃	32℃
	相对湿度			
	90%	80%	70%	60%
5℃			53.92	84.02
0℃		9.28	66.46	97.39
−5℃	10.03	19.65	78.17	109.52
−10℃	19.65	29.68	89.45	121.22
−15℃	28.84	38.87	100.32	132.92
−20℃	38.46	47.65	108.68	143.37

（四）操作管理热

操作管理热包括照明、机械、工作人员等在库内产热所需的耗冷量（表2-3-2）。

1.照明Q_{41} ＝360千焦／小时 × 100瓦

2.机械Q_{42} ＝3600千焦／小时 × 1000瓦

3.工作人员在不同库温下放热值为Q_{43}

表2-3-2 不同温度下自然换热值

温度（℃）	10	4	0	−12	−18
自然换热（千焦）	775	900	1 005	1 382	1 486

$$Q_4=Q_{41}+Q_{42}+Q_{43}$$

综上，库体总耗冷量 $Q=Q_1+Q_2+Q_3+Q_4$

三、冷藏库的管理

（一）产品的预冷及码库

蔬菜冷藏首先应认识到田间热的重要性。采后的蔬菜产品在田间的温度，通常比冷藏库中高许多，在转移到冷藏库中时需要将其降温到适宜的冷藏温度。这种降温所要排除的热量通常称为田间热，是贮藏中一个重要的热源。蔬菜预冷后进冷藏库，就可大大地减轻冷凝系统的热负荷，并且冷藏库内的温度不会因进入蔬菜产品，而引起冷藏库温度有较大的波动，这对冷藏库的管理是非常有利的。预冷方法一般有水冷却、冰接触冷却和真空冷却等几种方法。

图2-3-2　包装好的蔬菜

进入冷藏库的产品应先进行适当的包装（图2-3-2），在库内按一定方式堆放，尽量避免散贮方式。为使库内空气流通，利于降温和保持库内温度分布均匀，货垛应距离墙壁30厘米以上，垛与垛之间、垛内各容器间也应留有适当空隙。垛顶与天棚或吊顶冷风筒间应留有约80厘米的空间层，若离冷风筒太近，则易使产品受冻害或冷害。

（二）冷库的温度

低温对蔬菜呼吸和其他代谢过程有抑制作用，可抑制水分蒸发，也可抑制成熟和软化过程及发芽生长等。由于蔬菜的种类和品种不同，对贮藏环境的温度要求也不同。冷藏库温度波动的幅度和持续性都是很重要的。库内的平均温度最好经常维持适温状态，要尽量避免幅度大和持久性的温度变化，这会加速产品的败坏。另外，贮藏库的温度要分布均匀，不要有过冷或过热的死角，以免使局部产品受害。因此要注意阻碍空气对流的情况。而冷藏库的温度是靠制冷剂在蒸发系统中的流量和汽化速率来控制的，所以应注意蒸发管的及时除霜。

（三）冷库的湿度

冷库中常出现湿度或高或低的情况。造成湿度过低的主要原因是结霜，一般冷却管的温度比库温低10 ~ 15℃，而且总是在0℃以下，就不可避免地导致冷却管表面不断结霜，而在管理上又需不断地将冰霜融化冲掉（即所谓"冲霜"），于是就导致了库内湿度过低的现象。要想阻止结露，就得缩小库温和冷却管表面的温差，需要把冷却管的散热面积增大许多倍。在实际生产中，可采用库内洒水和添加一些恒湿或加湿装置的办法解决。冷库出现湿度过高的情况，主要是外界热空气大量进入库内所致。解决这个问题的根本办法是改善管理，避免货物出入频繁，也可采用各种吸湿器或吸湿剂。

（四）冷库的通风换气

库内产品代谢过程中释放的一些刺激性气体，如乙烯、乙醇、乙醛等，在库内积累到一定浓度后会促进蔬菜的衰老，以致败坏。二氧化碳在库内积累过多也会导致贮菜生理失调和品质劣变，因此通风换气是必要的。冷库的通风换气一般选择在气温较低的早晨进行，雨天、雾天等外界湿度过大的情况下不宜进行。通风换气的同时还应开动制冷机械，以减缓温度、湿度的变化。

四、机械冷藏库的综合利用

机械冷藏库是一种投资比较大的贮藏设施，在使用期间要尽量做到综合利用（图2-3-3），全面提高冷库的利用率，减少空库时间，提高经济效益。综合利用的有效途径有以下几种：

①对贮藏温度和湿度相近的蔬

图2-3-3　综合利用冷藏库贮藏蔬菜

菜，做到长短结合，边贮边销，最大可能地利用冷库的有效面积。但一种蔬菜不得影响或催熟另一种蔬菜，以免造成损失。

②利用不同蔬菜成熟时间的差异，合理制订贮藏计划，提高冷库利用率。但在贮藏一种新的蔬菜之前要注意彻底清扫，清除异味和病菌，防止对新入库的蔬菜造成不良影响。

③在冷库的基础上，采用塑料大帐、塑料袋等形式，进行气调贮藏，提高贮藏保鲜效果，也是提高冷库经济效益的有效途径。

④将冷库管道稍加改造，增加盐水槽等辅助设备，即可生产冷饮、冷食，也可提高设备的利用率。

五、机械冷藏保鲜蔬菜案例

冷藏是菜花贮藏行之有效的方法。

菜花，又名花椰菜。贮藏用的菜花，应选择晚熟品种，生长期100～120天，并在天气晴朗、土壤干燥时采收。采摘的菜花要求不偏老也不过嫩，色泽洁白，组织紧密，大小适中。采收时留三五片叶包被花球（图2-3-4）。贮藏的花球要求无毛花、无病害、无机械损伤、无虫蛀、不松散。

图2-3-4　采收的菜花

菜花入库前，还需将花球外叶用稻草或细绳在四周围拢扎牢，松紧要适当。然后，用托布津0.15%水溶液浸蘸菜花蒂部，晾干后贮藏，这样可减少腐烂。用50毫克/千克的2,4-二氯苯氧乙酸（2,4-D）的溶液浸根，可防止外叶在贮藏中黄化或脱落。在贮藏中避免凝结水落在花球上，以防止花球霉烂。

菜花适宜的贮藏温度为0～2℃。温度过高，花球迅速老化、变黄，帮叶脱落，生霉腐烂失去食用价值。温度过低会受冻害。贮藏要求相对湿度为90%左右，湿度过低会使花球脱水而散花。

　　将选出的优质菜花，带2～3片外叶，先摊晾几小时，待花球温度下降，水分适当蒸发，外部叶片转软后，再装入经过消毒处理的箱（筐）中，送入冷库，堆藏。冷库的温度控制在1～2℃较为适宜。用此法贮藏菜花的时间较长，菜花的质量也较好。

专题四 气调贮藏保鲜

调节气体成分贮藏，简称气调贮藏。它是在适宜的温度下，人为地控制贮藏环境中的气体成分，如控制二氧化碳、氧气和氮气等气体，是当前最先进、实用的蔬菜贮藏方法。

一、气调贮藏保鲜原理

控制蔬菜采后的呼吸强度，使蔬菜维持最低的生命活动，这是保持蔬菜新鲜状态、延长蔬菜生命活动的关键。控制蔬菜呼吸强度的措施，主要是控制贮藏环境的温度、湿度和气体成分，气调贮藏就是利用这一特性通过减少蔬菜环境中的氧气浓度，适当增加二氧化碳浓度，同时增加氮气浓度，以降低蔬菜的呼吸强度，抑制乙烯生成，延缓蔬菜衰老。这就是气调贮藏的原理。气调贮藏是把低温、低氧和高二氧化碳、高氮，按不同蔬菜种类最佳贮藏效果的要求，优化组合成新的综合环境的贮藏方式。

二、气调贮藏保鲜库的结构

（一）气调贮藏保鲜库的特点

根据气调保鲜的特点，要求气调贮藏保鲜库不仅应具备一般冷库所具备的结构，还要求具有较高的气密性，而且库房要能承受一定的压力，从而保证气调保鲜的效果。为了保证气调库的整体气密性能，除了在库体六面做好必要的气密层外，对于库门、换气口及其他水、电、冷的穿管也要进行密封。

目前，国内常用喷布硬质聚酯或用木材胶合板和轻金属制品等绝热性高的材料进行装配气调库，如用冷库改建的夹套式气调库，就是用1.2毫米厚的镀锌铁皮做气密层，以木螺丝牢固框架内侧，并折边焊接，外涂密封胶，充气密封库门。近年来国内还有采用预制板拼接建造而成的新型气调库，可安装在普通库房内，其高度约为4米，长度根据需要而定。预制板是由两层瓦楞金属薄板中间夹8～10厘米泡沫塑料构成，连接外用"工"字形金属板条拼接，并涂以密封胶，也可达到气调库要求。

（二）气调设备

1. 氮气发生器

氮气发生器又叫降氧机，可在一定时间内能将库房内氧的浓度由21%降到1%或更低。目前主要有两种类型：一种是催化燃烧式，另一种是分子筛式。

催化燃烧式是将气态或液态燃料以适当的比例与空气混合，反应燃烧，消耗氧气，生成二氧化碳，再经冷却塔冷却后转入封闭系统。燃烧后过高浓度的二氧化碳可经二氧化碳吸收机脱除。分子筛式降氧机是利用分子筛吸收方式，将氧从空气中除去。如吉林石油化工设计研究院研制的JTF气调机，就是应用孔径小于5×10^{-10}米的焦炭分子筛做吸附剂而降氧。其主要原理是：各种气体进入分子筛微孔的扩散速度不同，从而使混合气体分离。其中氧气、二氧化碳、乙烯的扩散速度比氮气快，从而使氮气顺利通过，其他气体则被吸附分离。

2. 二氧化碳脱除机

二氧化碳脱除机是气调库内降低二氧化碳浓度的专用设备，通常采用吸附的原理将二氧化碳吸附于多孔的载体上，然后用新鲜空气反吹后使载体再生。吸附载体常用的是活性炭。另外，目前国内也有采用氢氧化钠喷淋吸附二氧化碳的，当气调库内的空气流经碱液淋雨层时，二氧化碳被吸收，空气得到净化后循环入库重新利用。较简单的也可在库内放置消石灰吸收二氧化碳。

3. 其他设备

（1）气体测定仪

气体测定仪常用来检测库内气体成分的变化，并以此决定气调的时间，判断蔬菜的贮藏质量。常用的仪器是奥氏气体分析仪。它是目前生产上广泛采用的测定比较准确的测定仪器。另外，氧气、二氧化碳测定仪在生产上的应用也比较普遍。

（2）气压袋

由于库内常常发生正压或负压的变化，如当吸收剂吸收多余的二氧化碳时，库内会出现负压，为保证库体完好的气密性，可设置气压袋，通常采用软质的不透气聚乙烯袋子，体积应为贮藏库容积的1%～2%，设在库外，用管子连接与库内相通，室内气压变化时袋子膨胀或收缩，保证室内外气压平衡。

三、气调贮藏保鲜的方法

（一）气调贮藏对气体成分的要求

普通空气中含氧气21%、氮气78%、二氧化碳0.03%。根据不同种类、不同品种的蔬菜对气体成分的不同要求，合理调节氧气、氮气和二氧化碳的比例，形成一个适合蔬菜长期保鲜的环境条件。

（二）塑料大帐气调法

1.塑料薄膜的选择

用于制作大帐的塑料薄膜应选用厚度为0.20～0.25毫米、机械强度好、透明、密封性好和耐低温的塑料，常用的有聚乙烯和聚氯乙烯塑料，利用其良好的热封性，保证帐内气体成分不受外界环境的影响。

2.塑料大帐的制备

将选择好的塑料薄膜，根据贮藏库的容量及帐内蔬菜的贮藏量，制成长方形大帐，贮藏量一般以2 000～5 000千克为宜，大帐分为帐体和帐底两部分，在帐体两端设两个袖口，上方为充气袖口，下方为抽气袖口，两端中部各设取气样孔，平时将各管口封闭，不能漏气，帐底采用一块比帐体大10～15厘米的塑料薄膜，封帐时，大帐下沿和帐底卷封压紧，用细沙或细土压实，不得漏气，使整个大帐内处于封闭状态，保证气调效果（图2-4-1）。

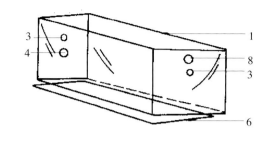

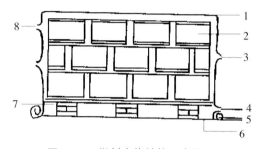

图2-4-1　塑料大帐结构示意图

1.帐顶　2.菜箱　3.取气样孔　4.抽气袖口
5.帐卷边　6.帐底　7.垫砖　8.充气袖口

3.塑料大帐的管理操作

大帐制好后先在库底铺设帐底，然后在帐底上按要求堆码蔬菜，一般堆码大小要和大帐相吻合，蔬菜与筐之间应留有适当的空隙。菜筐下端用砖或木棒衬垫，并在底部撒放消石灰，吸收二氧化碳。堆码完成后，将帐体扣在菜垛上，再将大帐壁与帐底紧紧卷封在一起，用土埋入小沟内，然后再覆土封实，同时将充气袖口和抽气袖口及取样孔扎紧，然后根据所贮蔬菜的需要调节。帐内气体调节的方法有两种，一种是自然降氧法，主要是利用蔬菜呼吸作用消耗氧气和二氧化碳，这种方法速度慢，贮藏效果差；另一种方法是采用机械降氧法，即根据蔬菜要求的气体组分指标，采用降氧机向帐内充氮或采用碳分子筛气调机直接向帐内输送调节好的气体成分，这种方法速度快、效果好，但必须有一定的设备，投资较大。

（三）塑料薄膜小袋气调法

图2-4-2 将蔬菜装入一定规格的塑料袋

图2-4-3 聚乙烯塑料薄膜袋

塑料薄膜小袋气调属于自然气调，是将蔬菜装入一定规格的塑料袋内（15～20千克），扎紧口袋（图2-4-2），直接放入冷库或通风贮藏库内，按其管理方法不同可分为以下两种：

1.定期调节或放风

密封袋多用0.05～0.07毫米厚的聚乙烯塑料薄膜袋（图2-4-3）制成，袋长100厘米，宽80厘米，将蔬菜装袋后，靠袋内蔬菜的呼吸作用降低氧气浓度，增加二氧化碳浓度，当气体成分超过要求时将袋口打开放风，更换新鲜空气，再扎上封闭。

2.自发调节

采用自发调节的塑料袋用厚度0.025～0.030毫米的塑料薄膜制成，这种薄膜很薄，具有透气性，在一定时期内，能维持适当的低氧和高二氧化碳而不致达到有害程度。在保鲜期间不必进行调节或放风，这种方法一般适合在短时间内贮藏或零售。

（四）硅窗袋贮藏

硅窗袋（图2-4-4）贮藏保鲜蔬菜是指在塑料袋或塑料大帐上粘嵌一定面积的硅橡胶膜，利用硅橡胶本身对二氧化碳和氧气的透过率不同来调节袋内气体，在贮藏一定时间后，袋（帐）内氧气和二氧化碳

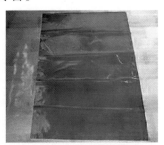

图2-4-4 硅窗袋

浓度会自动维持一定范围内，达到保鲜效果。硅橡胶膜贮藏操作简便，投资少，适合广大乡镇企业和农村采用。

（五）气调贮藏管理

1.入库（帐）准备

气调库或制好的塑料大帐，在蔬菜入库（帐）之前，需进行气密性检测，发现有漏气的地方，及时维修。对于气调库还要进行库房的消毒，防止库内残存腐败菌。同时将库（帐）预冷至比正常贮藏温度高2～3℃。

2.气体及温度调节

蔬菜入库（帐）后，根据不同种类、不同品种对温度及气体组分的不同要求，首先调节温度至贮藏适温，然后调节氧气、二氧化碳的比例，使三者相互配合。一定要根据不同蔬菜，甚至不同蔬菜的成熟度，选择好最合适的条件。

3.常规检查

在蔬菜气调保鲜期间，一般不做库（帐）内蔬菜品质检查，但要定期测定库（帐）内氧气和二氧化碳的浓度，发现问题及时解决。同时保持恒定库（帐）温。

4.出库（帐）准备

气调蔬菜出库（帐）时，首先要排出库（帐）内高二氧化碳及高氮，开动通风设施保证新鲜空气进入库（帐）内，同时逐步升温至和外界温差2～3℃时，方可出库（帐）。

5.气调贮藏期间不得随意进入库（帐）内

气调贮藏期间一般工作人员不进入库（帐）内。若必须进入时，需佩戴防护装置，并携带步话机进入，以免发生意外，确保工作人员的人身安全。

四、气调贮藏保鲜蔬菜案例

香菜亦称芫荽。香菜耐寒力较强，受冻后经缓慢解冻，仍然鲜嫩如初。用以贮藏的香菜，应选香味浓、纤维少、叶柄粗壮、棵大的耐贮藏品种。

选棵大、健壮、无病虫害的香菜，带15毫米长的根收获，剔除黄叶，捆成0.5千克的捆，入库上架，在0℃下预冷12～24小时。然后将香菜装入0.08毫米厚、1米长、0.85米宽的聚乙烯塑料薄膜袋内。每袋装8千克，扎紧袋口。定期测定袋内气体成分，当二氧化碳达到7%～8%时开袋放风。此法可贮藏到翌年5月份。

模块三

北方常见蔬菜贮藏保鲜技术

专题一　采后处理

蔬菜采收后至贮运前，根据蔬菜种类及贮藏要求还要进行一系列处理，方能收到良好的效果。

一、采收与分级

采收是蔬菜采后处理技术的第一步，采收时间的选择及采收质量的保证，很大程度上会影响蔬菜产品的贮藏保鲜效果。因此，做好采收工作，首先要根据产品的贮藏需要，选择适宜的采收时间，然后严格按照采收的方法要求，保证采收质量。

（一）适时采收

蔬菜产品采收时期受到诸多因素的影响，如品种本身的遗传特性，产品采后的用途、市场需求和市场远近等。确定蔬菜的最佳采收成熟度是很重要的，应根据蔬菜采后的用途、采后运输的远近、贮藏和销售时间的长短及产品的生理特点来确定。

如需要贮藏或长途运输的，应在刚成熟时采收；如在当地鲜销的，应在较为充分成熟时采收。判断蔬菜成熟度的一般方法有：

1.表面色泽显现和变化

成熟过程中果蔬产品表面色泽会有明显变化，成熟时表现为该品种特有的色泽，如豌豆（图3-1-1）从暗绿色变成亮绿色为成熟，菜豆（图3-1-2）由绿转为发白表示成熟。

图3-1-1　豌　豆

2.坚实度

甘蓝（图3-1-3）和花椰菜（图3-1-4）坚实度大，表示发育良好，达到采收标准。

图3-1-2　菜　豆

图3-1-3　甘　蓝

图3-1-4　花椰菜

3.生长期

多年生蔬菜从开花期到果实成熟，都有一定天数，如草本百合，6月上旬现蕾，7月上旬始花，7月中旬盛花（图3-1-5），7月下旬终花，果期7 ~ 10月（图3-1-6）。

图3-1-5　百合花

图3-1-6　百　合

4.主要化学物质含量与变化

果实中的糖、酸、可溶性固形物和淀粉及糖酸比的变化与成熟度有关。如马铃薯（图3-1-7）、芋头（图3-1-8）淀粉含量的多少是采收的标准。

图3-1-7　马铃薯

图3-1-8　芋　头

5.果实形态

不同的蔬菜都具有特殊的形态，当其长到一定的大小、质量及形状才可采收。如冬瓜（图3-1-9）、倭瓜（图3-1-10）等。

图3-1-9　冬　瓜

图3-1-10　倭　瓜

6.果柄脱离难易程度

有些果实成熟时果柄与果枝间产生离层，稍一振动果实就会脱落，如不及时采收会造成大量落果。如圣女果（图3-1-11）。

图3-1-11　圣女果

总之，蔬菜产品由于种类繁多，采收的植物器官不同，其采收标准不一样。因此，蔬菜产品的采收往往也要根据生产经验来确定是否达到最适采收期。

（二）采收方法

1.人工采收

用手摘、采、拔，用采果剪（图3-1-12）刈，用刀割、切，用锹（图3-1-13）、镢挖等方法都是人工采收的方法。人工采收机动灵活，机械创伤少，还可根据不同的成熟度、不同的质量分别采收，可以大大减少采后的挑选处理工作。

图3-1-12　剪　刀

图3-1-13　铁　锹

2.机械采收

机械采收一般有振动法、台式机械（图3-1-14）采收法和地面拾取法。这些方法具有生产效率高、采收成本低的特点，但不具备选择能力，通常只能进行一次性采收，容易造成创伤多、产品质量参差不齐。机械采收适宜采收加工用的蔬菜产品，不适宜采收后需贮藏的蔬菜。

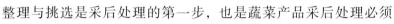

图3-1-14　番茄采摘机

（三）分级

1. 整理与挑选

整理与挑选是采后处理的第一步，也是蔬菜产品采后处理必须

图3-1-15　人工挑选

进行的一个步骤。整理与挑选主要是剔除不可用于销售的部分及不利于贮藏的产品，如蔬菜的老叶、残叶，各种有机械损伤、病虫害、畸形、特小（大）等不符合商品标准的产品。

整理与挑选一般采用人工方法（图3-1-15）进行。在整理与挑选过程中，要轻拿轻放，尽量避免采后处理中对产品造成新的机械创伤。

2. 分级

（1）分级的目的与意义

分级（图3-1-16）是使蔬菜商品化、标准化的重要手段，是根据蔬菜的大小、重量、色泽、形状、成熟度、新鲜

图3-1-16　分　级

度和病虫害、机械损伤等商品性状，按照一定的标准进行严格挑选分级，除去不满意的部分。通过分级，使果蔬产品等级分明，规格一致，提高产品的商品价值，实行优质优价，有利于产品的销售定位。通过挑选分级，去掉病虫害产品，可以减少贮运期间的损失，减少某些危险病虫害的传播。

（2）分级标准

蔬菜的分级主要是根据品质和大小来进行的，具体的分级标准又因蔬菜的种类和品种的不同而异。品质等级一般是根据产品的形状、

色泽、损伤及有无病虫害等分为特等、一等和二等。大小等级则是根据产品的质（重）量、直径、长度等分为特大、大、中和小。特级品种应该具有该品种特有的形状和色泽，不存在影响质地和风味的内部缺陷，大小一致。产品在包装内排列整齐，在数量和质（重）量上允许有5%的误差。一等品与特级品有同样的品质，但允许在色泽上、形状上稍有缺点，外表稍有斑点，但不影响外观和品质，产品不一定要整齐地排列在包装箱内，在数量和质量上允许有10%的误差。二等品可以有某些内部和外部缺陷，但仍可销售。

我国大宗类的蔬菜产品多数已经建立了国家等级标准或行业标准，如大白菜、花椰菜、青椒（图3-1-17）、黄瓜、蒜薹、菜豆（图3-1-18）等。

图3-1-17　青椒分拣　　　　　　　图3-1-18　菜豆分拣

（3）分级方法

①人工分级。人工分级方法是将蔬菜散布在席子或者桌子上，进行人工选剔。人工分级时应预先熟悉、掌握分级标准，可辅以分级板、比色卡等简单工具。手工分级效率低、误差大，但只要精细操作，可避免产品受到机械损伤。

②机械分级。机械分级方法是在包装室中用电子操纵传送带进行选果、打蜡、包装。现在使用的各种分级机械都是根据果实果径的大小进行形状选果或者根据果实重量进行重量选果，主要有果实大小分级机、果实重量分级机和目前比较先进的光电分级机。

二、包装

（一）预冷

1.预冷的意义

蔬菜采收以后，由于田间热，产品的温度较高，特别是在热天或在烈日下采收的温度更高。如果直接进入贮藏库，大量的田间热的散发会造成贮藏环境温度的升高，且刚采收的产品呼吸强度大，对保鲜贮藏极为不利，这就要求在贮藏前迅速除去蔬菜产品吸收的田间热，使蔬菜温度降低到一定程度以抑制代谢速度，防止腐败，保持品质。

2.预冷的方法

（1）自然降温冷却

采后蔬菜放在阴凉通风的地方，散去产品所带的田间热，这种方法冷却时间长，不易达到效果。

（2）水冷法

水冷法（图3-1-19）是用冷水冲淋产品或将产品浸在冷水中，使产品降温的一种方式，有防止萎蔫的效果。冷却水的温度一般为0～1℃，可加一些化学药剂防止微生物累积，如次氯酸盐等。

（3）冰触法

利用碎冰放在包装箱的里面或外面，这种冷却法可和运输同时进行，冷却时还能保护果蔬的含水量和较多的氧气（图3-1-20）。

图3-1-19　水冷法

图3-1-20　冰触法

（4）真空冷却法

真空冷却法（图3-1-21）是指利用水在减压下的快速蒸发以吸收蔬菜组织中的热量并使产品迅速降温的方法。此法效率高，适用于表面积与体积分数相当大的蔬菜，如菠菜等叶菜。

（5）冷库风冷法

将新鲜蔬菜直接放入冷库，当冷库有足够的制冷量，空气流速为1～2米/秒时，效果最好。此法适合任何果蔬，但冷却速度慢，一般在24小时以上（图3-1-22）。

图3-1-21　真空冷却法

图3-1-22　冷库风冷法

（二）包装

1.包装的目的及意义

对蔬菜产品进行采后包装是贮藏保鲜的一个重要环节，包装可以缓冲过高和过低的环境温度对产品的不良影响，防止产品受到尘土和微生物的污染，减少病虫害的蔓延和产品的失水萎蔫。在贮藏、运输和销售过程中，包装可减少因产品间的摩擦、碰撞和挤压造成的损伤，使产品在流通中保持良好的稳定性，提高商品率。

2.包装容器的要求及种类

（1）包装容器的要求

要坚固结实，无毒、无不良气味，防吸潮，有一定通透性，以利于排除产品的呼吸热和进行气体交换。此外还应美观，且价格低廉实惠，便于搬运堆放。

（2）包装容器的种类

我国传统的包装容器有竹筐、木箱，近年来多以纸箱、塑料筐、泡沫塑料箱、网袋替代。网袋多用于蔬菜类的包装，成本低。青椒（图3-1-23）则多以纸箱包装；黄瓜（图3-1-24）、豆角则多以保温性

图3-1-23　青椒纸箱

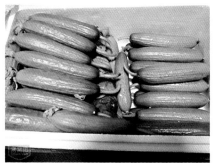

图3-1-24　黄瓜泡沫箱

能良好的泡沫塑料箱包装；芥蓝（图3-1-25）多以塑料箱包装。为了更好地保护产品在贮运过程中不至于受挤压，一些产品的包装还对产品先进行内包装，即用泡沫塑料、纸片、塑料薄膜等作为支撑或衬垫物，如黄瓜、豆角、番茄等。

3.包装规格与方法

生产蔬菜产品的最终目的是在市场上销售，因此包装的重量规格也十分讲究。从目前情况看，包装的重量规格多为中等偏小，一般为每箱15 ~ 25千克。包装容

图3-1-25　芥蓝塑料箱

器过大，产品沉重，易造成产品挤压创伤；包装容器过小，包装成本高，经济效益低。

产品包装前应进行必要的采后处理，如挑选、分级、预冷、清洗、吹干、药物处理、涂蜡等。包装时根据产品需要，将产品分层排放，层与层之间用纸片或泡沫塑料隔开。装好后的包装箱，标上重量、

质量、等级、规格及包装日期等，并进行检验后用封口胶封好。此外，每一包装盒或包装层中的产品尽可能大小相近，以使包装紧凑，避免搬运过程中的滚动。包装好的产品在堆码时应注意堆码的高度及方式，纸箱一般以3～4层为宜，防止堆码过高对下层产品的挤压。

三、常见蔬菜采后处理方法

（一）涂膜或打蜡

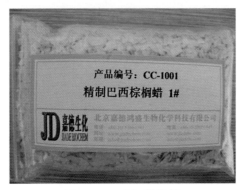

图3-1-26　巴西棕榈蜡

涂膜是在蔬菜的表面涂一层薄膜，使产品表面光滑整洁，一定程度上阻碍了果实与环境的接触，从而可以降低呼吸作用，抑制水分蒸发，减少腐烂，保持鲜度，延长供应时间，提高商品价值。涂料不完全限于蜡质，其种类和配方很多，商业上应用的主要有石蜡、巴西棕榈蜡（图3-1-26）和虫胶等。也有一些涂料以蜡作为载体，加入一些化学物质，防止生理或病理病害，但使用前要注意使用范围。

蔬菜上使用的涂料应该具有无毒、无味、无污染、无副作用、成本低、使用方便等特点。涂膜的方法有浸涂法、刷涂法、喷涂法、泡沫法和雾化法。涂膜厚薄要均匀，过厚会导致果实无氧呼吸、异味和腐烂变质。新型的喷蜡机大多由洗果、干燥、涂蜡、低温干燥、分级和包装等流程联合组成蔬菜包装线。

（二）催熟

催熟是指销售前用人工方法促使蔬菜加速完熟的技术。蔬菜采收时成熟度往往不一致，有的为了长途运输需早采，为保证销售时达到完熟程度、确保最佳食用品质需采取催熟措施。

乙烯（图3-1-27）是最常用的果实催熟剂，一般使用浓度为0.2 ~ 1克/升。由于乙烯是气体，催熟时要注意环境的密封性。处理温度一般为15 ~ 20℃，高温可缩短催熟时间，但一般以25 ~ 30℃为宜，时间为1 ~ 7天。室内二氧化碳浓度过高会影响催熟效果，因此催熟室要定期通风。催熟环境的相对湿度以90%为宜，由于温度、湿度都较高，微生物很易繁殖，要注意催熟室的清洁、卫生和消毒。

乙烯利（图3-1-28）也是常用的催熟剂，催熟时将果实在乙烯利溶液中浸泡，1分钟取出，也可采用喷淋的方法，然后盖上塑料膜，在室温下存放2 ~ 5天可催熟。

图3-1-27　乙　烯

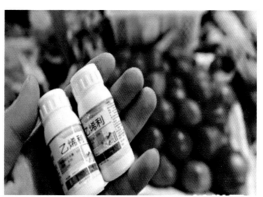

图3-1-28　乙烯利

（三）愈伤

蔬菜在采收过程中很难避免机械损伤，特别是块茎、块根和鳞茎类蔬菜，如马铃薯、芋头、山药、洋葱等，往往采后带伤入库，会招致病菌侵染引起腐烂。因此，贮前需对这些易破损的蔬菜进行愈伤处理，一般需要高温高湿的环境条件，以利蔬菜破损组织表皮周皮细胞的形成。例如，马铃薯采后在18.5℃下保持2 ~ 3天，然后放在7.5 ~ 10℃的温度和90% ~ 95%的相对湿度下10 ~ 12天可完成愈伤。愈伤的马铃薯比未愈伤的马铃薯贮藏期延长50%，而且腐烂率减少。山药（图3-1-29）在38℃的温度和95% ~ 100%的相对湿度下愈伤24

小时，可完全抑制表面真菌的活动及减少内部组织的坏死。成熟的南瓜，采后在24～27℃下放置2周，可使伤口愈合，瓜皮硬化，延长贮藏时间。也有些产品愈伤时要求较低的相对湿度，如洋葱和大蒜（图3-1-30）收获后要进行晾晒，使外部鳞片干燥，以便减少微生物侵染，促使鳞茎的茎部和盘部的伤口愈合，有利于以后的贮藏和运输。

图3-1-30　大　蒜

图3-1-29　山　药

专题二 常见蔬菜贮藏保鲜方法应用

蔬菜贮藏保鲜是蔬菜生产和销售过程中一个非常重要的环节。采用科学、合理的贮藏保鲜技术，能有效延长新鲜蔬菜的贮藏期，调节淡旺季，繁荣蔬菜市场。

一、萝卜、胡萝卜

萝卜（图3-2-1）和胡萝卜（图3-2-2）营养丰富，含有多种维生素和糖分，均以肥大的肉质根作为食用部分。萝卜原产于我国，在医药上还具有消食顺气的功能，是人们十分喜爱的一种蔬菜；胡萝卜原产中亚细亚和非洲北部，现在我国南、北方广泛栽种，已成为宴席上不可缺少的菜肴。萝卜和胡萝卜是重要的秋贮菜，特别在北方地区，贮藏量大，贮期长，在调剂冬、春蔬菜供应上有着重要作用。

图3-2-1 萝 卜

图3-2-2 胡萝卜

（一）适时采收

适时采收对根菜类的贮藏很重要，收获过早因土温、气温尚高，不能及时下窖贮藏或下窖后不能使菜堆温度迅速下降，易促进萌芽和变质。收获过迟易在田间遭受冻害或空心（图3-2-3）。萝卜一般在其肉质根处充分膨大，基部"圆腔"处叶色转淡，开始变为黄绿时采收。胡萝卜应在肉质根处充分肥大，成熟时收获。萝卜、胡萝卜易发生低温伤害，受害后表面发亮或出现小泡。受害的原因是采收过迟、田间受冻，因此应适时采收。采收期的确定，应根据不同地区、不同品种及不同播种期灵活掌握。

收获时随即拧掉缨叶，入贮时要选除病伤、虫蚀的直根。因为病菌多从伤口侵入使肉质根。在高温、高湿条件下易发生黑腐病（图3-2-4）、黑霉病。此外，还要根据品种特性、地区条件、贮藏方法等综合考虑贮藏时是否削顶和何时削顶。

图3-2-3　空心萝卜

图3-2-4　胡萝卜黑腐病

（二）贮藏方法

图3-2-5　青皮种萝卜

萝卜和胡萝卜没有生理上的休眠期，在贮藏中遇到适宜条件便萌芽抽薹，这时根的薄壁组织中的水分和养分向生长点转移，从而造成糠心。这是萝卜和胡萝卜品质下降的主要原因。

从栽培季节和成熟期来看，秋播、皮厚、质脆、干物质含量高的晚熟品种较耐贮藏。大萝卜从皮色泽上看，一般青皮种（图3-2-5）比白皮种（图3-2-6）、红皮种（图3-2-7）耐贮藏。如北京心里美（图3-2-8）、青皮脆（图3-2-9）等品种。胡萝卜中皮色鲜亮的、根细小的、根茎小、心柱细的品种耐贮藏。

图3-2-6　白皮种萝卜　　　　图3-2-7　紫皮种萝卜

图3-2-8　心里美　　　　　　图3-2-9　青皮脆

就其耐寒性而言，萝卜比胡萝卜稍差，但二者对贮藏条件的要求基本相似。它们适宜的贮藏条件为：温度1 ~ 3 ℃，湿度90% ~ 95%，气体成分为氧气2% ~ 3%，二氧化碳5% ~ 6%。适宜密闭贮藏，例如，堆藏、层积贮藏、气调贮藏。

1.沟藏

选择地势高燥、保水力强的地块，以东西向挖沟，沟宽一般为1 ~ 1.5米，长度视贮量而定。沟深比当地冻土层稍深一些，以免肉质根受冻。如北京地区1～3月份在1米深的土层处，温度为0～3℃，大致接近萝卜、胡萝卜的贮藏适温。

萝卜与胡萝卜可以散堆在沟内，最好利用湿沙层积，直根堆积厚度一般不超过0.5米，入沟时在面上覆一层薄土，以后随气温下降分次添加，总厚度一般为0.7～1米。沟内要求保持湿润，湿度低时可适当浇水，但沟内不能积水。

2. 窖藏

萝卜或胡萝卜经预处理后入窖堆藏。先在窖底铺一层9厘米厚的湿沙，然后一层萝卜一层沙交替排列，用沙子将产品填满。堆至2米高左右。按窖的长度每隔1.5～3米设置通风秸秆把，增进通风散热。入窖初期，在夜间通风降低温度，中期注意防冻，立春后应防止窖温升高。如空气较干燥时，应在窖内喷水保湿，以防糠心。贮藏中一般不倒动，立春后可视贮藏状况倒动检查一次。

3. 通风贮藏库贮藏

将萝卜或胡萝卜在库内散堆或码垛，萝卜堆高1.2～1.5米，胡萝卜堆高0.8～1米，不能过高，否则会因堆内温度升高而导致腐烂。为提高通风散热效果，在堆内每隔1.5～2米设一通风筒。贮藏中注意库内温度，必要时用草帘等加以覆盖，以防受冻。立春前后可视贮藏状况进行全面检查，发现病烂产品及时清除。

4. 塑料袋贮藏法

将削顶的萝卜装入长1米、宽0.5米的聚乙烯塑料薄膜袋内，装至离袋口0.2米时将袋口扎紧，放于背阴低温处，用草包或草帘等物遮盖，待冻结前移入窖内或不上冻的室内。入窖后1个月内每隔7～10天解开袋口放风4～6小时，以后每20～30天放风1次。贮藏期间不要翻动，以免擦破萝卜表皮或弄坏塑料袋。窖温或贮藏室温要控制在1.5～2.5℃。

5. 塑料薄膜帐贮藏

此法利用气调贮藏原理，用薄膜半封闭的方法贮藏根菜，对抑制脱水和萌芽有较好的效果。具体做法是：先在库内将根菜堆成宽1～1.2米、高1.2～1.5米、长4～5米的长方形堆，到初春萌芽前用薄膜帐扣上，堆底不铺薄膜。这种方法可以适当降低帐内氧气浓度，增加二氧化碳浓度，保持高湿，从而延长贮藏期。贮藏期间应定期揭帐换气，进行检查挑选，除去染病个体。

二、马铃薯

马铃薯（图3-2-10），茄科茄属多年生草本植物，块茎可供食用，是全球第四大重要的粮食作物，仅次于小麦、稻米和玉米。马铃薯又称地蛋、土豆、洋山芋等。

图3-2-10　马铃薯

2015年，中国将启动马铃薯主粮化战略，推进把马铃薯加工成馒头、面条、米粉等主食，马铃薯将成为稻米、小麦、玉米外的又一主粮。

（一）适时采收

1.采收

马铃薯地上部分枯黄后，选择晴天、土壤较干燥时采收，并在田间就地晾晒半天左右（图3-2-11）。晾晒后，应放在阴凉通风的窖内或荫棚下堆放预贮。马铃薯采收时很容易造成机械损伤，伤口愈合只能在较高的温度下才能形成木栓组织。因此，马铃薯块茎收获后，

图3-2-11　采收马铃薯

放在12～15℃下预贮，不但有利于迅速进入生理休眠期，而且还能加速伤口愈合，防止环腐病（图3-2-12）、晚疫病（图3-2-13）等病菌从伤口侵入，减少贮藏期病害的发生。

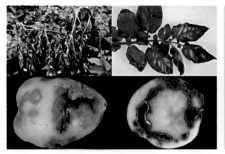

图3-2-12　马铃薯环腐病

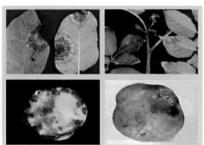

图3-2-13　马铃薯晚疫病

2.药剂处理

图3-2-14　发芽的马铃薯

用萘乙酸甲酯或萘乙酸乙酯处理薯块，对抑制发芽（图3-2-14）有明显效果。每10吨薯块用药0.4～0.5千克，将药品拌入15～30千克细土中，撒入薯堆中，应在薯块休眠期进行，过晚会降低药效。于收获前3周左右，用0.25%的抑芽丹（MH）在田间喷洒，对抑制发芽也有较好的效果。

（二）贮藏方法

马铃薯收获后有明显的休眠期，一般为2～4个月，品种之间有差异。当其进入生理休眠期时，即使条件适宜也不会发芽。生理休眠期后，当环境条件适宜时，就会发芽生长。马铃薯休眠期的长短同品种、成熟度、播种条件和贮藏环境等有关。一般早熟品种比晚熟品种休眠期长，未充分成熟的比充分成熟的长，秋播的比春播的长，贮藏期间处于低温、低湿和高二氧化碳环境的会延长休眠，而处于高温、高湿环境的会打破休眠。

光照能促使马铃薯萌芽和薯皮变绿，增加茄碱含量，当茄碱超过正常含量的0.02%时，会引起食用者不同程度的中毒，因此贮藏时应采取避光措施。

马铃薯适宜的贮藏温度为3～5℃，温度高于30℃或者低于0℃，薯心容易变黑；适宜的相对湿度为80%～85%，过高会腐烂，过低则失水增大，损耗增多。

1.沟藏

将收获后的马铃薯先在荫棚或空屋内贮放，待深秋季节天凉时下沟贮藏。挖东西向贮藏沟，深1米左右，宽1～1.2米，底部稍窄，横断面呈倒梯形，长随贮量而定，两侧各挖排水沟。沟挖好后让其充分干燥，底部铺一层细沙土。将挑选好的马铃薯在沟底堆码，厚度一般为40～50厘米，中间覆盖15～20厘米的干土，再堆码马铃薯30厘米，至薯块离地面20厘米左右，再用细沙土覆盖，覆土厚度随当时气温而定，保持沟温在4℃左右。

2.通风库贮藏

将通风库消毒后备用。选择无伤病马铃薯入库堆码，堆码形式可采用散堆形式，堆高不超过2米，在堆内设通风孔，以通风降温。也可采用装筐堆码，增加通风效果。维持库内温度在2～4℃，相对湿度为85%～90%。

通风库管理可分为以下三个阶段：

第一阶段为入库后的15～20天。此时薯块内水分大，温度高。因此，要加强通风，尽快降低库内温度，同时若发现腐烂及时剔除。

第二阶段为入库后20天至立春，马铃薯处于休眠状态，外界气温低，应注意防寒防冻。

第三阶段为立春后，这个时期外界气温回升，马铃薯休眠解除，呼吸增加，产热量增多，薯块衰老，抗病力下降，因此，此时应注意及时倒垛，挑出烂薯，加强夜间通风降温。

三、甘薯

甘薯（图3-2-15）亦称番薯、山芋、红薯、白薯、地瓜等，地下块茎顶分枝末端膨大呈卵球形的块茎，外皮淡黄色，光滑。甘薯属喜光的短日照作物，性喜温，不耐寒，较耐旱。主要分布在北纬40°以南。栽培面积以亚洲最大，非洲次之，美洲居第三位。甘薯富含蛋白质、淀粉、果胶、纤维素、氨基酸、维生素及多种矿物质，有"长寿食品"之誉。

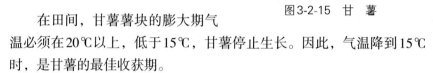

图3-2-15　甘　薯

（一）适时采收

在田间，甘薯薯块的膨大期气温必须在20℃以上，低于15℃，甘薯停止生长。因此，气温降到15℃时，是甘薯的最佳收获期。

甘薯要选择晴天收获，避免雨天收获。人工、机械起薯时要发力均匀，避免戳伤和损伤薯块。收获时应去除薯块表面泥土，在黏土地或地下水位较高地区生长的甘薯，采后应及时除泥；在沙质土壤生长的甘薯，抹去甘薯表面附带的泥土即可，要注意避免伤薯。收获后，应避免暴晒、雨淋和霜冻。

收获的工具、容器应进行消毒。可使用0.2% ~ 1%的过氧乙酸或0.05%的二氧化氯稀溶液擦拭，或采用热烫、紫外线或阳光暴晒等物理方法进行消毒。

图3-2-16　筛选后可以贮藏的甘薯

收货后的甘薯要进行田间筛选。筛选时，应剔除带病虫、腐烂、损伤、不完整、有裂皮、受冻、畸形薯等（图3-2-16）。筛选过程尽量避免机械损伤，减少转运次数。

（二）贮藏方法

甘薯在贮藏前应先进行预贮，在温度为15 ~ 18℃、相对湿度为85% ~ 90%的环境下放置1周；或在温度为35 ~ 38℃、相对湿度为85% ~ 90%的环境下放置2 ~ 3天。要保持通风，预贮期间通风量要适当加大，确保甘薯表皮干燥和去除呼吸热。

甘薯的贮藏效果，与进窖前的甘薯质量有直接的关系。因此，在进窖前一定要对甘薯进行筛选，去除带有病斑或伤口的甘薯，因为这些甘薯带有病菌或是病菌易从伤口侵入，在贮藏期间很容易造成大面积烂薯。

甘薯贮藏的适宜温度为10～14℃，温度过低会遭受冷害，使薯块内部变褐变黑，煮熟后有硬心并有异味，而且后期极易腐烂。温度过高，薯芽开始萌动、糠心，加速黑斑病（图3-2-17）和软腐病（图3-2-18）的发展。

图3-2-17　甘薯黑斑病

图3-2-18　甘薯软腐病

甘薯贮藏的适宜相对湿度为80%～90%，当窖内相对湿度低于80%时，薯块内的水分便往外蒸发，致使薯块脱水、萎蔫、皱缩、糠心，食用品质下降。当相对湿度超过95%时，薯块则褪色褐变，病原菌繁殖，腐烂率上升。

甘薯贮藏时，薯窖内的含氧量不得低于4.5%，否则易导致薯块缺氧呼吸，轻则丧失发芽力，重则缺氧"闷窖"，造成窒息性全窖腐烂。

1.窖藏

甘薯通常采用窖藏的方法。建窖应选向阳背风、干燥通风、地下水位高的高地或坡地。旧土窖需将窖墙旧土刮去一层，然后用硫黄或福尔马林熏蒸消毒。将收获后的甘薯，选无病伤的薯块装筐或是箱，在窖内堆码，或堆垛藏。为防止染病，可用1%的70%甲基托布津溶液或新科源液体保鲜剂二号浸泡薯块3分钟，捞出晾干后入贮。甘薯入窖容量不可超过2/3，留出空间，以利通风排湿，防止"闷窖"。贮期调控窖温度至10～14℃，加强通风排湿，相对湿度控制在80％左右，防冻、防闷、防烂。

2.冷库贮藏

将经过挑选的甘薯装箱（箱两边各开两个孔）或装筐（图3-2-19），然后入库垛码或上架摆放（图3-2-20），入库的甘薯先经愈伤处理，愈伤后迅速将库温降到12～15℃，即进入正常管理阶段。注意在愈伤时，要洒水增湿，湿度达90％～95％，正常管理时要通风降湿，湿度保持在85％～90％。贮藏期为5～7个月。贮藏中如发现病薯应立即拣出，防止蔓延。

图3-2-19　装箱的甘薯

图3-2-20　甘薯上架摆放

四、芋头

芋头（图3-2-21、图3-2-22）又称芋、芋艿，天南星科植物的地下球茎，形状、肉质因品种而异，通常食用的为小芋头。多年生块茎

图3-2-21　芋　头

图3-2-22　芋头制成的菜肴

植物，常作为一年生作物栽培。原产于印度，后由东南亚、华南地区及日本等地引进。我国以珠江流域及台湾省种植最多，长江流域次之，其他省（自治区、直辖市）也有种植。

（一）适时采收

芋头较耐贮藏。一般在下霜时收获。用于贮藏的芋头需充分成熟，在采收前几天割去地上部分叶柄，待伤口干燥愈合后，在晴天采收。这样可以防止芋头在贮藏中腐烂，采收后应立即贮藏。

（二）贮藏方法

芋头喜干不喜湿，太湿了容易出现腐烂。芋头的贮藏适温为10 ~ 15℃，接近0℃或高于25℃就会受到伤害。芋头贮藏适宜的相对湿度为85% ~ 90%。

1.窖藏

选地势较高、排水良好、背阴的地方挖深1米、宽1 ~ 1.5米、长2 ~ 3米的窖，每窖可贮藏1 500 ~ 2 000千克。剔除伤、烂、病芋后，晾晒1 ~ 2天再入窖；也可运到较温暖、干燥的室内暂放，到立冬前后贮藏。入窖前先用稻草或茅草在窖内焚烧1次，或撒些硫黄粉（图3-2-23）消毒。入窖时底部

图3-2-23　硫黄粉

用干麦秸或稻草垫好，随后将芋头放入窖内，堆高30厘米左右，顶上呈弧形，上面盖一层10厘米厚的麦秸或稻草，随后盖土约50厘米，拍打紧实，呈馒头形，在窖的四周稍远的地方要挖排水沟。贮藏期间保持窖温为8 ~ 15℃，相对湿度为85%左右。调节温度、湿度可通过调整覆盖土层的厚度及含水量来解决。

2.沟藏

在地势高处挖深2.3米、宽1.3米的沟，长度依贮藏量而定。在沟里铺芋头1.3米高，然后填土覆盖至沟顶。贮藏期间可随时挖取，供应上市。

五、姜

姜（图3-2-24），姜科姜属多年生草本植物。开有黄绿色花并有刺

激性香味的根茎。株高0.5～1米；根茎肥厚，多分枝，有芳香及辛辣味。

根茎供药用，鲜品或干品可做烹调配料或制成酱菜、糖姜。茎、叶、根茎均可提取芳香油，用于食品、饮料及化妆品香料中。

图3-2-24　姜

（一）适时采收

贮藏用姜应该是充分长成熟的根茎，一般在霜降至立冬间收获。应在天气晴朗、土壤干燥时收获，但要避免在晴天烈日下收获，以免日晒过度。一般要求姜块不带泥，采后常在田间稍加晾晒，但不宜在田间过夜。

（二）贮藏方法

下窖前把假茎连同叶片一并掰掉，并进行严格的挑选，剔除组织过嫩、机械损伤、姜瘟等不耐贮藏的产品（图3-2-25）。

收获初期的姜脆嫩，易脱皮，应在20～25℃的较高温度下先贮放30～40天，使根茎逐渐老化不再脱皮。剥除的茎叶疤痕逐渐长平，顶芽长圆，这个过程称为愈伤，通过愈伤可以提高姜的耐贮性。

图3-2-25　达到贮藏标准的姜

姜喜温暖潮湿，不耐低温，姜适宜贮藏的温度约为15℃，10℃以下易受冷害。受冷害的姜块回温

后容易腐烂。姜适宜贮藏的相对湿度为90% ~ 95%。贮藏湿度过大有利病菌繁殖而导致腐烂；湿度过小，会造成姜失水发生干缩，降低食用品质。

1.窖藏

姜入窖前应对窖进行彻底清扫和除湿消毒。入窖姜块应除去泥土，置阳光下晒一两天，灭菌和晒干表皮以利贮藏。在窖内离地30厘米处用木条架设姜床，床上放稻草，再把姜分层堆放在床上。最上面覆盖河沙或沙土15 ~ 30厘米厚，这样可防止窖内水汽凝结成水珠滴在姜上，又能防止空气干燥而使姜失水干枯。窖内温度保持在10 ~ 20℃，当窖温降到15℃以下时要密封窖口，防止冷空气进入冻伤姜块。若发生腐烂，必须迅速将烂姜清除，并在窖内撒上生石灰。总之，管理过程中要掌握"两头防热，中期防冻"的原则。还要设置通风装置，通过加湿和通风及时调整窖内相对湿度。

2.埋藏

埋藏坑的大小以直径2米左右、深1米为宜，同时要考虑地下水位的高低，以挖不出水为原则。坑的形状以上宽下窄的圆形或方形坑均可，一般一坑能贮藏2 500千克左右。坑的中间竖立一个秸秆把，便于通风和测温。姜摆好后，表面先覆一层姜叶，然后覆一层土，以后随气温下降分次覆土，覆土总厚度为60 ~ 65厘米，以保持坑内适宜的贮藏温度。坑顶用稻草或秸秆做成圆尖顶以备防雨，四周设排水沟，北面设风障防寒。入坑初期，由于代谢快，呼吸旺盛，温度很容易升高，不能将坑上全封闭，以便通风散热。第

图3-2-26　姜埋藏

一个月将坑内温度保持在20℃左右，以利愈伤，以后保持在15℃左右。冬季坑口必须封严，防止坑温过低。贮藏中要经常检查姜块有无变化，坑底不能积水（图3-2-26）。

3.井窖贮藏

在土层深、土质黏重、冬季气温较低的地区，可采用此法。井窖深2.5 ~ 3米，井口大小以方便上下即可。在井底向两侧挖2个贮藏室，其高度为1 ~ 1.3米，长宽各1.5米左右。姜块堆在窖内，先用湿沙铺底，一层湿沙一层姜，上面再盖一层湿沙覆顶。其贮藏期间管理同上述埋藏（图3-2-27）。

图3-2-27　姜井窖贮藏

4.浇水贮藏法

选择有排水设施、略透阳光的室内或临时搭成的荫棚下，把姜整齐地排列在有孔隙的筐内，筐码在垫木上，高2 ~ 3层。视气温高低每天向姜浇凉水1 ~ 3次，需浇透，水温应在15℃以上。浇水的目的是保持适当的低温和高湿。浇水期间茎叶可高达0.5米，秧株保持葱绿色，如叶片黄萎、姜皮发红就是根茎将要腐烂的征兆，应及时处理。入冬时秧子自然枯萎，连筐转入贮藏库，注意防冻，可陆续供应到春节以后。

六、藕

藕（图3-2-28、图3-2-29）又称莲藕，是一种多年生水生根茎植物，可餐食也可药用。在我国分布较广，栽培很多，江苏、浙江、湖北、山东、河南、河北、广东等地均有种植。

图3-2-28　藕

图3-2-29　藕制成的菜肴

藕微甜而脆，可生食也可煮食，是常用餐菜之一。藕也是药用价值相当高的植物，它的根、叶、花须、果实皆是宝，都可滋补入药。

（一）适时采收

当莲藕终止生长且叶背呈微红色、基部叶缘开始枯黄时，标志藕已成熟。当多数叶片青绿时可挖取嫩藕；霜后全部叶片枯黄时可挖取老藕，可随用随挖到第二年春天。

（二）贮藏方法

莲藕成熟采收后处于长期休眠状态，故较耐贮藏和运输。它具有喜阴凉的特性，对湿度适应范围较广。莲藕如在空气中暴露时间过长，表皮易变为淡紫色，进而又转成铁锈色，品质显著下降。故贮藏的莲藕要严格挑选无病伤、质地坚实、藕肉肥厚的地下茎，采收后不洗涤，表面带泥整条贮藏。

莲藕不耐低温，当贮温较长时间低于5℃会发生冷害，适宜的贮藏温度为5～8℃，相对湿度为85%～100%。

1.泥土埋藏法

（1）露地埋藏

在地势较高、避光背阴的地方将泥、藕相间地层层堆成宝塔形。顶上用细泥覆盖，藕堆四周挖好排水沟，防止积水。如遇雨天，应及时遮盖，以免雨水冲散泥土，造成腐烂。

（2）室内埋藏

可在室内挖浅坑，也可用木板等围成埋藏坑，然后一层莲藕一层泥地堆5～6层后，再覆盖约10厘米厚的细泥。贮藏用泥的湿度应细软带潮，手捏不成团，并除去石块等杂质，以防根茎损伤和微生物的侵入。莲藕要按顺序一排排地放平，避免折断，这有利于倒动检查。

在水泥地板的库层内埋藏时，坑底需先用木板或竹架垫起10厘米，形成一个隔底，底部用药物消毒，以防止霉菌滋生。然后在底上铺一层约10厘米厚的细泥土，再按上法层层堆起覆盖细泥。这样做既有利于抑制莲藕的呼吸，又可防止外界微生物的侵入。贮藏室可每隔2周消毒一次。

2. 塑料帐贮藏

用本法贮藏的莲藕应严格剔除有机械损伤、刀伤、病虫害、断节漏气和细瘦的藕，带泥装在板条箱内，进行薄膜帐贮藏。贮藏过程中，定时开帐，保持帐内适宜的温湿度和气体成分。用此法贮藏50天后，莲藕完好，自然损耗仅为2.5%，故本法适用于莲藕大量上市时的短期贮藏。

3. 薄膜袋装贮藏

将莲藕洗净用特克多防腐剂浸泡1分钟后取出晾干，装入聚乙烯塑料薄膜袋中扎紧口（图3-2-30），放到常温或高于7℃的低温下贮藏（图3-2-31）。

图3-2-30　藕装袋　　　　图3-2-31　藕装箱放在低温环境中贮藏

4. 水藏

把莲藕上的泥土洗净，放入水缸内，用清水浸没，5～6天换水一次。用此法可贮藏2个月，莲藕洁白脆嫩，因此适合家庭贮藏。

七、莴苣

莴苣（图3-2-32）是菊科莴苣属，一年生或二年生草本植物。它是一种很

图3-2-32　莴　苣

常见的食用蔬菜。莴苣的肉质嫩，茎（图3-2-33）可生食、凉拌、炒食、干制或腌渍。莴苣的茎、叶（图3-2-34）中含有莴苣素，味苦，高温干旱苦味浓，能增强胃液、刺激消化、增进食欲，并具有镇痛和催眠的作用。

图3-2-33　莴苣的茎

图3-2-34　莴苣的茎、叶

（一）适时采收

莴苣成熟时的长相是心叶与外叶的最高叶一样高，植株顶部平展，称"平口"。此时嫩茎已长足，品质也最好，应及时采收。采收时，用刀贴地面割下地上部分，顶端留下4～5片健壮小叶，其余叶片全部撸掉，根部削净，这样可以有效预防贮藏期病害的发生（图3-2-35）。

图3-2-35　采收的莴苣

（二）贮藏方法

莴苣食用部分为肉质嫩茎和嫩叶。莴苣含水量高，采收后如环境条件不适，易发生褐变、衰老，甚至腐烂。

莴苣在0～3℃低温下，相对湿度在95%左右有较好的贮藏效果。莴苣虽属耐寒蔬菜，但受冻后恢复能力差，温度在0℃下会发生冻害，故不宜采用冷冻贮藏；而温度过高容易空心、变软、褐变和腐烂。莴苣能忍耐较高浓度的二氧化碳，在二氧化碳为10%～20%、氧气为2%的环境下，对褐变有一定的抑制作用。

1. 假植贮藏

收获时将莴苣连根拔起，稍经晾晒或在背阴处短期预贮。挖宽1～1.3米、深0.8米的假植沟，选择无伤、无病、未抽薹的健壮莴苣，去掉部分外叶，留顶端7～8片叶，假植于沟内，覆土埋没莴苣的2/3，然后扶正踩实，株间略有空隙，行距10厘米，以利通风。假植完毕，在沟顶覆盖薄席或单层秫秸，初期夜间揭席放风，天冷时添加覆盖物（土或席）。沟内温度控制在0～2℃。

2. 塑料薄膜包装

贮藏中叶子较易腐烂，可适当去掉下部叶片。当莴苣去叶时，叶痕处立即有白色汁液流出，褐变现象的发生与此有关。同时采收时的机械损伤及节间处也有褐变现象出现，因此莴苣去叶以后要立即用水冲洗基部，沥干。用0.03毫米厚的聚乙烯薄膜密封包装，每袋装3～5个。温度控制在0～3℃，贮藏25天，好菜率达98%，叶痕处只轻微褐变，叶子仍保持鲜绿。

八、蒜薹

蒜薹（图3-2-36）又称蒜毫，是从抽薹大蒜中抽出的花茎（图3-2-37），人们喜欢吃的蔬菜之一，常被误写作"蒜苔"。蒜薹在我国分布广泛，南北各地均有种植，是我国目前蔬菜冷藏业中贮量最大、贮期最长的蔬菜品种之一。蒜薹是很好的功能保健蔬菜，具有多种营养功效（图3-2-38）。

图3-2-36　蒜　薹

图 3-2-38　蒜薹炒肉

图 3-2-37　将蒜薹从抽薹大蒜中抽出

（一）适时采收

一般来说，凡生长健壮、无病害、皮厚、干物质含量高、表面蜡质较厚、薹梗色绿、基部黄白色、蒜茎短的较耐贮藏。蒜薹的收获适期，可以苞下部变白、顶部开始弯曲作为标志。蒜薹收获应在晴天的下午进行。采收蒜薹宜用抽拔的方法，不宜用"划取"的方法，因

图 3-2-39　采收后的蒜薹

为"划薹"形成的机械损伤容易引起霉菌侵染，不耐贮藏。采下的蒜薹应捆成小捆，装入麻丝袋或其他包装容器内，立即运输到冷库进行预冷（图3-2-39）。捆把时要剔除有病、腐烂和折断个体，剥去残留叶鞘，剪齐基部，每0.5 ~ 1千克扎成一把。

（二）贮藏方法

蒜薹是大蒜的幼嫩花茎，采收后呼吸强度大，花茎表面缺少保护组织，采收时又正值高温季节，故易脱水老化和腐烂，并导致薹苞膨大开裂。老化的蒜薹变黄变空，纤维增多，失去食用品质。

蒜薹贮藏的适宜温度为–0.1 ~ 0℃，相对湿度为85% ~ 95%，氧

气浓度为2%～4%，二氧化碳浓度为6%～8%。到贮藏后期，蒜薹对二氧化碳耐受力降低，应适当提高氧气浓度，降低二氧化碳浓度。

1.冰窖贮藏

冰窖贮藏是采用冰来降低温度并维持低温高湿的一种贮藏方式。蒜薹收获后，经分级整理，包装好。先在窖底在及四周放两层冰块，再一层蒜薹一层冰块交替堆码至3～5层，上面再压2层冰块。各层空隙用碎冰块填实，最上层用近1米厚的稻壳覆盖隔垫，并用稻草堵门或用砖泥糊封。

贮藏期间应保持冰块缓慢地融化，窖内温度为0～1℃，相对湿度接近100%。贮藏至第二年，损耗约为20%。冰窖贮藏时不易从外观发现蒜薹的质量变化，所以蒜薹入窖后每3个月应检查一次。如个别地方凹陷，必须及时补冰，如发现异味，则应及时处理。

2.气调贮藏

（1）塑料薄膜袋贮藏法

采用自然降氧并结合人工调控袋内气体成分的方法进行贮藏。用0.06～0.08毫米的聚乙烯薄膜做成100～110厘米长、70～80厘米宽的袋子，将蒜薹装入袋内，每袋18～20千克。待蒜薹温度稳定在0℃后扎紧袋口，置菜架上贮藏。每隔1～2天，随机检测一次袋内氧和二氧化碳的浓度。当氧浓度降至1%～3%、二氧化碳浓度升至8%～13%时，松开袋口放风换气2～3小时，使袋内氧浓度升至18%、二氧化碳浓度降至2%左右。如袋内有冷凝水，立即用干毛巾擦干，然后再扎紧袋口。贮藏前期每15天左右放风一次，贮藏中后期随着蒜薹对二氧化碳忍耐能力的减弱，放风周期逐渐缩短至约10天一次，后期7天一次。

（2）塑料薄膜大帐贮藏

先将捆成小捆的蒜薹薹苞朝外均匀地码在架上预冷，每层厚度为30～35厘米，待蒜薹温度将至0℃时，即可罩帐密封贮藏。先在地面上铺5～6米长、1.5～2.0米宽、0.23毫米厚的聚乙烯薄膜。将处理好的蒜薹放在箱中或架上，箱或架呈并列两排放置。在帐底放入消石灰，每10千克蒜薹约放0.5千克的消石灰，每帐可贮藏2 500～4 000千克蒜薹。大帐比贮藏架高40厘米，以便帐身与帐底卷合密封。在大帐两面设气孔，两端设循环孔，以便抽气检测氧和二氧化碳的浓度。帐身和帐底薄膜四边互相重叠卷起，再用沙子埋紧密封。大帐密封后，降氧的方法有两种：一种是利用蒜薹自身呼吸使帐内氧气含量降低；另一种是快速充氮降氧，先将帐内的空气抽出一部分，再充入氮气，反复几次，使帐内氧气含量控制在2%～4%。二氧化碳也会在帐内逐渐积累，当二氧化碳浓度高于8%时，可被消石灰吸收或被气调机脱除。

（3）硅窗袋贮藏

按每千克蒜薹0.38～0.45米^{2}硅橡胶膜面积的比例，制成不同大小规格的硅窗袋或硅窗帐，在0℃条件下可使袋内或帐内的氧浓度达到5%～6%、二氧化碳浓度为3%～7%。蒜薹贮藏前经过预冷，装入袋中，扎紧袋口，放置在0℃的架上，贮藏期一般可达10个月，商品率可达90%左右。

3.冷藏法

将选择好的蒜薹经充分预冷（12～14小时）后，装入箱中，或直接码在架上，库温控制在0～1℃。采用这种方法，贮藏时间较长，但容易脱水及失绿老化。

九、大白菜

大白菜（图3-2-40），十字花科芸薹属两年生植物。原产我国山东、河北一带，是我国特产之一，栽培历史悠久，经过劳动人民长期的精心选育，形成了极其丰富和优良的类型及品种，通过与各国间的文化交流，目前已成为世界性蔬菜。

图3-2-40　大白菜

（一）适时采收

大白菜为我国北方冬季的主要蔬菜，一般在深秋季节采收，耐贮性较好。在品种差异上一般是中晚熟种比早熟种耐贮，青帮类比白帮类耐贮。大白菜的耐贮性与叶球成熟度有关，以"八成心"最好，"心口"过紧（过分成熟）不利于贮藏。在栽培过程中，在氮肥充足的基础上增施磷、钾肥能增强抗性，有利于贮藏。采收前的一段时间要停止灌水。采收后经晾晒，使外叶失去一部分水分，组织变软。采收过程中要减少机械损伤，提高白菜的抗寒能力。

（二）贮藏方法

图 3-2-41　大白菜腐烂

大白菜贮藏的适宜温度为0℃，相对湿度为85%～90%。贮藏中不同时期其损耗不同，在入窖初期以脱帮为主，后期以腐烂（图3-2-41）为主。脱帮是因为叶帮茎部离层活动溶解所致，主要是贮藏温度偏高引起的，湿度过高或晒菜过度也会促进脱帮。腐烂是由微生物侵染造成的。大白菜贮藏中的主要病害是细菌性软腐病以及由菌核病菌和灰腐病菌等引起的真菌性软腐病，这些病原菌在0～2℃下就能活动为害，温度升高腐烂更加严重。由于大白菜在贮藏中抗性逐渐下降，所以腐烂主要发生在贮藏中后期。

针对大白菜在贮藏中易脱帮腐烂的特点，在贮藏前可用药物处理，在采收前7天至前2天，用每千克20～50毫克的2,4-二氯苯氧乙酸（2,4-D）溶液进行田间喷洒，也可采收后喷洒或浸根；还可用每千克200～500毫克的萘乙酸溶液处理，均有明显的抑制脱帮效果。这些生长激素之所以能减少脱帮，主要是由于具有离层形成的作用。但是，经药剂处理后的大白菜耐寒性会减弱。所以防止脱帮不能单靠药剂，主要应该加强贮藏管理，创造适当的环境条件。

1.窖藏

窖藏（图3-2-42）要求选择地势较高、地下水位低的地块，以免窖内积水造成腐烂。

白菜的采收期一般在霜降前后。白菜采后放在垄台晾1～2天，然后送到菜窖附近码在背风向阳处。码垛时菜根向下，一棵挨一棵排放在一起，四周用草或秸秆覆盖，以防低温冻害。预贮可增强抗寒能力，一般预贮20天左右。气候温暖的地方，菜窖多为地上式；东北寒冷地区则多为地下式。窖藏白菜多采用架贮或筐贮的形式。架贮是将经过

图3-2-42　大白菜窖藏

挑选晾晒的大白菜放在预先制好的贮藏架上。贮藏架可用木杆搭成，高170厘米、宽130厘米、层高100厘米左右。贮架放置间隔130厘米左右，以便检查和倒菜。大白菜摆放7~8层，距离上面的木板应有20厘米的间隙。

窖藏期间贮藏管理有以下几点：

（1）前期管理

11~12月是大白菜呼吸作用最旺盛、放热最多的时期。此时要求放风量大、时间长，温度维持在0℃左右。一般在入窖初期可昼夜开启通风口，必要时辅以机械鼓风。

（2）中期管理

1~2月外界气温较低，应谨慎通风，防止大白菜受冻。这一阶段应尽量减少倒菜次数，延长周期，可采取慢倒细摘的方式，尽量保存外帮以保护内叶。需根据气温与窖温的变化和蔬菜本身的情况灵活掌握，达到既换气又防冻的目的。

（3）后期管理

立春以后窖温逐渐升高，菜的耐贮性、抗病性减弱，易受病菌侵害而腐烂。这一阶段应设法保持低温，以夜间通风为主，如有南风则要停止通风。倒菜周期要短，勤倒细摘并降低菜垛高度。

2.机械冷藏

大白菜经过预处理，再装箱（图3-2-43），后堆码在冷库中，库温保持在-0.5~0.5℃，相对湿度控制在85%~90%，贮藏期间定期检

查。

3.假植贮藏法

将菜连根拔起，假植在沟内。沟深以高出菜顶200毫米为宜。贮藏前将沟内一次浇足水，等水下渗后将白菜放于沟内，气温下降时再覆盖一层草帘。

图3-2-43　大白菜装箱存入冷库

4.通风库贮藏

通风库是在半固定式棚窖基础上发展起来的，是一种砖、木、水泥结构的固定式库房，与棚窖相比隔热性能更好，通风装置更好，贮量较大。

5.气调贮藏

在温度为0℃、相对湿度为85%～90%和氧气含量为1%的条件下，贮藏3个月后，大白菜损失率低、质量好、无异味，比正常空气中贮藏的白菜中的维生素C和总糖含量高2倍。

十、菠菜

图3-2-44　菠　菜

菠菜（图3-2-44）的营养丰富是个不争的事实，它含有大量的β胡萝卜素和铁，同时也是维生素B$_6$、叶酸、铁和钾的极佳来源。

菠菜耐寒力强，是我国栽培面积较大的一种绿叶菜，主要分有刺（图3-2-45）和无刺（图3-2-46）两大类。前者叶尖形，抗寒能力较强，适合冬播和贮藏；后者叶圆形，抗寒能力弱，适合春播，耐贮性差。

图3-2-45　有刺菠菜　　　　　　　　图3-2-46　无刺菠菜

（一）适时采收

适时采收是贮藏成功的关键，采收过早外界气温高，不能入沟贮藏，菠菜堆内发热，叶子变黄，增加腐烂损耗；采收过晚易使菠菜冻在田间收不回来。经验证明，在早晚地面上冻、中午能化开时（即地面刚结冻而又未冻结实时）进行收获最好。收后摘除黄枯烂叶，就地捆把，然后放到风障北侧或其他阴凉地方预贮，稍加覆盖。也可直接入沟冻藏。

（二）贮藏方法

菠菜采收后极易脱水萎蔫、黄化和腐烂，多采用简易藏法，或者用塑料薄膜包装成气调贮藏。

菠菜要求贮藏环境低温高湿，适宜贮藏条件为：温度为–6 ~ 0℃，相对湿度为90% ~ 95%，氧气浓度为2% ~ 4%，二氧化碳浓度为1% ~ 2%。

1.冻藏

（1）普通冻藏法

在阴障北侧的遮阴范围内，挖一条或若干条冻藏沟，沟深多为15厘米左右，宽度一般为30厘米左右。在沟底铺--层细沙，待气温稳定降到0℃以下，再将菠菜捆成把后放入沟内，随即盖一层细沙。随着天气变冷，分期覆土，在严寒季节可在上面再加盖草苫，保证沟内温度为–6 ~ –8℃，使叶片冻结，但根部不冻结。

（2）通风沟冻藏法

此法与普通冻藏法基本相同，其不同点是：沟宽1～2米，在沟底沿走向挖1～3条宽20厘米的通风道，并在通风道上横架单层秸秆，其上放菠菜，菠菜上再进行薄层覆盖，以后再分期覆盖，其覆土方法同普通冻藏法。沟内的通风道露出地面，初期应敞开，以利降温，使菠菜冻结，以后随天气变冷逐步堵塞。开春后地温上升，再把通风道的草把子逐步移开。冻藏的菠菜上市前从沟中取出来，放在菜窖中或稍高于0℃的室内，经3～5天自然解冻。完成恢复后，整理出售。

2.埋藏

大雪前将不抽薹的菠菜带根挖起，用稻草捆成0.5～1千克一把。在背阴高燥处挖深0.3米左右、宽0.7～1米的沟，将菠菜平放在沟中，不要堆积和靠得太紧，在土壤封冻前盖土15厘米左右。春节前将菠菜挖出，放在温暖的屋内缓慢升温，恢复后的菠菜新鲜如初。

3.冷藏

冷藏是将菠菜维持在冰点附近的低温下而不使菠菜明显冻结的贮藏方法。其做法与冻藏法大同小异，只是贮藏沟稍宽稍深，覆土比较厚，但覆土厚度和分期覆土的时间应根据当地气候条件灵活掌握，不然会使菠菜受热腐烂。冷藏的菠菜一般在立冬至小雪间起菜，随即下窖或短期贮藏几天，下窖后菜上可盖一层甘蓝叶，沟顶盖秸秆或草苫。以后随天气转冷即盖草，使沟内温度稳定在0～2℃。入贮后要注意检查，必要时倒动1～2次。

4.简易气调贮藏法

菠菜入库前用硫黄（每立方米3克）对库房熏蒸消毒，封闭1天左右，通风后将库内温度降到-0.2℃。将菠菜装入长1米、宽0.7～0.8米、厚0.08毫米的聚乙烯塑料薄膜袋中，每袋10千克，扎紧袋口，分层摆放在冷库货架上，库内温度控制在-1～0℃。当袋口内氧气浓度降低到11%～12%、二氧化碳浓度上升到5%～6%时，应及时开袋放风，时间为2～3小时。

十一、芹菜

芹菜（图3-2-47），有水芹、旱芹、西芹三种，功能相近，药用以旱芹为佳。旱芹香气较浓，又称"药芹"。芹菜富含蛋白质、糖类、胡萝卜素、B族维生素、钙、磷、铁、钠等，同时，具有平肝清热、祛风利湿、降低血压、健脑镇静等功效。常吃芹菜，尤其是吃芹菜叶（图3-2-48），对预防高血压、动脉硬化等都十分有益，并有辅助治疗作用。

图3-2-47　芹　菜

图3-2-48　芹菜叶

（一）适时采收

贮藏用的芹菜应适当早播。由于芹菜只能忍受轻霜，所以收获应比菠菜早。北京地区在小雪前后采收。采收（图3-2-49）时要连根铲下，除掉枯黄的烂叶，捆把待贮藏。用30～50毫克/升的赤霉素（GA，俗称"九二○"）处理，保绿效果好。

图3-2-49　适时采收

（二）贮藏方法

芹菜性喜冷凉、湿润，耐寒性次于菠菜。分为实心（图3-2-50）

和空心（图3-2-51）两类，每类又有深色和浅色的不同品种，贮藏用的芹菜应选实心色绿的品种。贮藏温度过低，菜叶冻成暗绿色，若根部也受冻，解冻后不能恢复新鲜状态，所以芹菜适宜微冻贮藏或假植贮藏。采用气调冷藏，效果很好。

图3-2-50　实心芹菜

图3-2-51　空心芹菜

芹菜贮藏的适温为0 ~ 1℃，适宜的气体成分为氧气浓度3%、二氧化碳浓度5%，空气相对湿度为90% ~ 98%，可贮藏3个月，商品率为90%以上。

1.冻藏

在风障北侧修建地上式冻藏窖，窖壁厚0.5 ~ 0.7米、高1米，窖底挖若干通风沟。通风沟的一端与南端正中上下方向的通风筒相通，另外一端穿过窖底在北墙外向上开口，形成一个完整的通风系统。窖底铺秸秆和细土，把芹菜捆成5 ~ 10千克的捆，根向下斜放窖内，在芹菜上覆一层细土，使叶子似露未露。贮藏初期白天盖草帘、夜间揭开，以防窖内温度过高。随着天气转冷，分次覆土，总厚度为20 ~ 30厘米。严冬季节堵塞北边的通风口，使窖内温度保持在-1 ~ -2℃，使菜叶上呈现白霜，而叶柄和根系不受冻。

芹菜的解冻方法与菠菜相似，可取出芹菜放在0 ~ 2℃的条件下缓慢解冻，恢复新鲜后上市。也可以在出窖前5 ~ 6天拔出防风障，改设在北面，再在窖面上扣上薄膜，芹菜化冻一层铲除一层，留最后一层薄土保护下面的芹菜使之缓慢解冻。

2.假植贮藏

挖宽、深各0.7 ~ 1.5米、长度不限的假植沟。将整理好的芹菜假植在沟内，然后灌水淹没根部，每隔1米左右的芹菜间竖立一束秸秆，或在沟的两侧挖通风道。沟顶覆盖草帘，当天气变冷时，加盖草帘并覆土，堵塞通风道。整个贮藏期维持沟温在0℃左右。

3.塑料袋贮藏

将叶与根鲜嫩、生长健壮、无病虫害的实心或半实心芹菜，带约3厘米长的短根，经挑选整理后捆成1 ~ 1.5千克的把，在冷库内0 ~ 2℃温度下预冷1 ~ 2天。然后采用根里叶外的装袋方法（0.08厘米厚的聚乙烯塑料薄膜，制成75厘米×100厘米的袋），每袋装芹菜12.5千克，然后扎紧袋口，分层摆在冷库的菜架上，库温为0 ~ 2℃，保持袋内氧气含量不低于2%，二氧化碳含量不高于5%。如氧气含量过低或二氧化碳含量过高，可开袋通气，再扎紧袋口。

十二、甘蓝

甘蓝（图3-2-52）是我国重要蔬菜之一。除芥蓝原产中国外，甘蓝的各个变种都起源于地中海沿岸地区至北海沿岸地区。早在4 000 ~ 4 500年前古罗马和古希腊人就有所栽培。按其形状，甘蓝可分为平头（图3-2-53）、尖头（图3-2-54）、圆（图3-2-55）头三种，叶大而厚，是营养价值很高的蔬菜，且具有重要的保健作用。

图3-2-52　甘　蓝

图3-2-53　平头甘蓝

图3-2-54　尖头甘蓝

图3-2-55　圆头甘蓝

（一）适时采收

应选扁圆形、中心柱较短、结球紧实、品质佳、耐贮藏的品种。采收方法与时期同大白菜。采后应适当晾晒，整理，短期预贮，也可采用药剂防腐保绿。在采收前2～7天，用250毫克／升的2,4-D溶液进行田间喷洒，或采收后以窖外或窖内喷洒或浸根，有明显的抑制脱帮作用。用200～500毫克／升的萘乙酸处理也有类似作用。

（二）贮藏方法

图3-2-56　甘蓝软腐病

甘蓝在生长周期内有一个休眠期，耐贮性好，抗寒、抗病力强，具有抵抗不良环境条件的能力。晚熟品种，结球紧实，外叶粗糙附有蜡粉，较耐贮藏。同大白菜类似，甘蓝贮藏需防止脱帮和失绿，所以在贮藏中应注意保持低温和通风换气。在采收、贮运中谨防机械损伤，采收后要进行摘叶处理，留3～6个紧密包着的外叶，有助于预防贮藏期软腐病（图3-2-56）、菌核病（图3-2-57）等病害的发生。

甘蓝的贮藏温度为-0.5 ~ 0.5℃，适宜的贮藏湿度为90% ~ 97%，氧气浓度为2% ~ 5%，二氧化碳浓度为2% ~ 5%。

图3-2-57　甘蓝菌核病

1.堆藏法

堆藏法是在室内比较阴凉通风处，把采收后的甘蓝轻微晾晒，将菜着地堆成高0.7 ~ 0.8米、宽0.5 ~ 0.6米的长方形垛，垛长度依场地而定。每堆的数量不宜过大，一般以1 000 ~ 1 500千克为宜。

2.冷风库贮藏

冷风库贮藏适于甘蓝的集中大规模贮藏保存。当甘蓝叶球包心坚实时进行采收，多留些外叶，适时入库，保持库温在0 ~ 1℃。采用这种方法贮藏的甘蓝，能保持新鲜，重量损耗少。

3.气调贮藏

气调贮藏法要有专门的贮藏库，对控制甘蓝的后热，防止失水、失绿、脱帮、抽薹效果好。温度要控制在3 ~ 8℃，氧气和二氧化碳浓度分别控制在2% ~ 5%和0 ~ 6%。

4.假植贮藏

甘蓝属于较耐寒型蔬菜，能短期忍耐-7 ~ -5℃的低温。假植的方法是将甘蓝连根采收，带泥集中到阳畦或秧棚内。能进行较长时间的贮藏。

此法也可用于结球尚未充分的甘蓝，连根拔起后，保留外叶，使外叶营养继续转移到叶球，让叶球充实。为防叶片脱落，采前一周可喷2,4-D溶液。

十三、韭菜

韭菜（图3-2-58），百合科葱属多年生草本植物，具特殊强烈气味，叶、花薹和花均可作为蔬菜食用；种子等可入药，具有补肾、健胃、提神、止汗固涩等功效。在中医里，有人把韭菜称为"洗肠草"。韭菜适应性强，抗寒耐热，全国各地到处都有栽培。

图3-2-58　韭菜

（一）适时采收

韭菜的采收标准（图3-2-59）：株高25～27厘米，平均单株叶片5～6片。采收宜在晴天清晨进行，割茬要平面整齐，收割深度第一次以离根茎3～4厘米为宜，以后各次都要比上一次的茬口高出1厘米以保证韭菜的正常生长，以防早衰。

（二）贮藏方法

韭菜为较耐寒性叶菜。一般采用带孔塑料薄膜包装贮藏（图3-2-60）。贮藏期10～15天。

图3-2-59　达到采收标准的韭菜

韭菜呼吸强度大，组织柔嫩，易受机械损伤。要求在低温中贮藏运输。采收季节气温高时，采收后1天就开始发热、变黄、腐烂，很快失去商品价值。

韭菜的贮藏温度为–5～0.5℃，湿度为90%～95%。

贮藏中宜采用恒温。多采用带孔塑料薄膜包装贮藏，在韭菜采收后剔除黄、伤、病叶，捆成小把，立即入库在–1～0℃条件下预冷，待品温降到5℃时，装入长650毫米、宽650毫米、厚0.03毫米的袋内，松扎口，每袋装2.5～3千克。在恒温库中保存，温度控

图3-2-60　用塑料薄膜包装的韭菜

制在近0℃，也可直接用聚乙烯泡沫箱来保湿贮运。

十四、香菜

香菜（图3-2-61）原名芫荽，有强烈气味的草本植物。原产欧洲地中海沿岸地区，我国东北、河北、山东、安徽、江苏、浙江、江西、湖南、广东、广西、陕西、四川、贵州、云南、西藏等地区均有栽培。茎、叶（图3-2-62）做蔬菜和调香料，并有健胃消食作用；果实可提取芳香油；果入药，有祛风、透疹、健胃、祛痰之效。

图3-2-61　香　菜　　　　　图3-2-62　香菜可食用的茎、叶

（一）适时采收

香菜在播种后6～9周即可采收，采收时连根挖起，去除泥土和老黄叶片及其他杂质。

（二）贮藏方法

香菜耐寒力较强，受冻后经缓慢解冻，仍然鲜嫩如初。用以贮藏的香菜，应选香味浓、纤维少、叶柄粗壮、棵大的耐贮藏品种。

1.床坑冻藏法

11月初把香菜从地里收起，摘掉黄叶、烂叶，根对根成行摆齐在床坑内，厚度不超过0.2米。当温度降到–10℃以下时，上面要盖一层0.15米厚的沙子。如果温度继续下降，可以加盖两层草苫子。这样可以贮藏到翌年1月份。

2.地沟冻藏法

在背风遮阳处挖宽0.3米、深0.3米的沟，将准备贮藏的香菜在地面刚刚上冻时采收，剔除黄叶，去掉泥土，捆成1~1.5千克的捆，根向下放于沟内，叶面覆盖沙土或秸秆。随气温下降，加盖覆土2~3次，总厚度0.2~0.25米。保持沟内温度–5~–4℃，使香菜叶冻结而根不冻。贮藏期可到翌年2月下旬。

3.气调贮藏法

选棵大、健壮、无病虫害的香菜，带15毫米长的根收获，剔除黄叶，捆成0.5千克的捆，入库上架，在0℃下预冷12~24小时。然后将香菜装入0.08毫米厚、1米长、0.85米宽的聚乙烯塑料薄膜袋内。每袋装8千克，扎紧袋口。定期测定袋内气体成分，当二氧化碳浓度达到7%~8%时开袋放风。此法可贮藏到翌年5月份。

十五、茴香

茴香（图3-2-63），嫩叶做菜蔬。主产于中国西北、内蒙古、山西、陕西和东北等地。另外，在湖北、广西、四川等地亦有生产。中国出口的小茴香，以内蒙古、山西和甘肃产为主。茴香含有丰富的维生素 B_1、维生素 B_2、胡萝卜素以及纤维素，导致它具有特殊的香辛气味的是茴香油，可以刺激肠胃的神经血管，具有健胃理气的功效，所以它是搭配肉食和油脂的绝佳蔬菜（图3-2-64）。

图3-2-63　茴　香

图3-2-64　茴香肉水饺

（一）适时采收

采收前10 ~ 15天就应当停止浇水，以避免采收时污染蔬菜，不利于存放。采收时间最好选择一天中温度最低的清晨。采收时要注意轻拿轻放，避免过多的机械损伤，影响茴香质量，降低了经济效益。

（二）贮藏方法

茴香贮藏的主要问题是失水萎蔫、叶鞘变糠和褐变。防止这些问题的主要方法是控制好适宜的温度和选择适宜的包装。茴香适宜的贮藏温度是0℃，适宜的贮藏相对湿度在95%以上，贮藏环境湿度过低时茴香外叶失水萎蔫，增加损耗，降低商品性。

茴香在正式贮藏前需要先预冷。预冷可采用冷库预冷和差压预冷。

1.冷库预冷

预冷库温度设置为0℃，预冷时将菜筐顺着库内冷风的流向堆码成排，排与排之间留出20 ~ 30厘米的缝隙（风道），靠墙一排要离墙15厘米左右，码垛高度要低于风机。预冷时间为12 ~ 24小时。

2.差压预冷

预冷库温度设在0℃，预冷时按差压预冷机的要求进行堆码和预冷操作。预冷时间为30分钟左右。

具体贮藏方法：选择0.01 ~ 0.02毫米的聚乙烯塑料薄膜，单个或2 ~ 3个一包。包好后码放在菜筐中进行贮藏。也可用0.03毫米的聚乙烯塑料薄膜做成袋子套在贮藏筐上，折口或扎口贮藏。如贮藏量大也可在库内把菜筐码成2 ~ 3排筐的垛，垛长可根据菜的多少和冷库的大小而定，垛高要低于冷库风机，用0.03 ~ 0.04毫米的聚乙烯塑料薄膜做成大帐，扣在菜垛上进行贮藏。贮藏冷库的温度为0℃，贮藏过程中要保持冷库温度均衡，避免忽高忽低。一般可存20 ~ 30天，如再继续延长贮藏时间，会因叶鞘变糠而严重影响其商品性。

十六、洋葱

洋葱（图3-2-65），别名球葱、圆葱、玉葱、葱头、荷兰葱、皮牙子等。百合科葱属二年生草本植物。洋葱在中国分布广泛，南北各地均有栽培，是中国主栽蔬菜之一。中国的洋葱产地主要有福建、山东、甘肃、内蒙古、新疆等地。洋葱含有前列腺素A，能降低外周血管阻力，降低血黏度，可用于降低血压、提神醒脑、缓解压力、预防感冒。此外，洋葱还能清除体内氧自由基，增强新陈代谢能力，抗衰老，预防骨质疏松，是适合中老年人的保健食物（图3-2-66）。

图3-2-65　洋　葱

图3-2-66　洋葱制成的菜肴

（一）适时采收

1.采收

图3-2-67　达到采收标准的洋葱

贮藏的洋葱，应充分成熟，组织紧密。一般在植株第一、第二片叶枯黄，第三、第四片叶部分变黄，地上部分开始倒伏，鳞茎的外部鳞片变干时收获（图3-2-67）。采收前10天不浇水，且应选择晴天收获，采收时都是连根拔起，采后适当晾晒，使外层鳞片完全干燥，才表现出良好的耐贮性，但不能暴晒过度。有利于预防贮藏期侵染性病害如细菌性软腐病、灰霉病的发生。

2.贮前处理

收获前 1 ~ 2 周，每 667 米^2（1 亩）用 50 千克 0.15% ~ 0.25% 的抑芽丹（MH）溶液喷洒，对抑制萌芽有作用，喷洒后 3 ~ 5 天内不浇水，如喷洒后 1 天内遇雨，应重喷。

（二）贮藏方法

洋葱具有明显的生理休眠期，成熟收获后的洋葱外层鳞片干缩呈膜质，能阻止水分和气体交换，具有耐热、耐干的特性。一般洋葱收获后有 1.5 ~ 2.5 个月的休眠期，因品种不同而异。通过休眠后如遇适宜条件就会发芽，发芽的洋葱发软变空，品质下降甚至不堪食用，所以延长休眠阻止发芽是洋葱贮藏中要解决的首要问题。洋葱按颜色一般分为黄皮种、红皮种和白皮种，其中白皮种最不耐贮。

洋葱适于在冷凉干燥的环境中贮藏。温度维持在 0 ~ 1℃，相对湿度应低于 80%，才能减少贮藏中的损耗。氧气浓度维持在 3% ~ 6%，二氧化碳浓度维持在 8% ~ 12%，对抑制发芽有明显效果。

1.挂藏

将经过晾晒、挑选的洋葱编成辫，每辫 40 ~ 60 头，约 1 米长，将其挂在阴凉、干燥、通风的房屋或荫棚下。此法抑芽效果较差，在通过休眠期后仍可发芽。

2.垛藏

选择地势较高、干燥通风处，下垫枕木，上面铺一层秸秆，将葱辫子纵横交错摆齐，码成垛，垛宽 1 ~ 1.5 米、长 5 ~ 6 米、高 1.5 米，每垛 5 000 千克。垛顶覆盖 3 ~ 4 层席子，四周围上两层席子，用绳子扎紧，防止日晒雨淋，雨后注意检查晾晒，入冬后应转入室内贮藏。

3.气调贮藏

先在库内地面上铺一块塑料薄膜，然后将装有洋葱的筐（箱）堆码在上面，罩上塑料薄膜帐，将帐底与铺在地面上的塑料薄膜卷在一起，用土埋好封严。依靠洋葱自身的呼吸作用或人工抽气充氮，使帐内氧气浓度降低，二氧化碳浓度升高，以抑制洋葱的呼吸作用和发芽。其条件是：氧气浓度为3% ~ 6%，二氧化碳浓度为8% ~ 12%，温度以0 ~ 3℃为宜，要尽量维持帐内温度稳定和配合使用适当的吸湿剂。

4.机械冷藏

将洋葱装筐或装入编织袋内架藏或码垛贮藏（图3-2-68），维持0℃左右的温度，可以较长时间贮藏。如冷藏库湿度较高，鳞茎会长出不定根，并有一定的腐烂，应注意湿度的控制，可用吸湿剂（如生石灰）等处理。

图3-2-68　洋葱装入编织袋内码垛贮藏

十七、大蒜

大蒜（图3-2-69）又叫蒜头、大蒜头、胡蒜、葫、独蒜、独头蒜，是蒜类植物的统称。半年生草本植物，百合科葱属。每一蒜瓣外包薄膜，剥去薄膜，即见白色、肥厚多汁的鳞片（图3-2-70）。有浓烈的蒜辣气，味辛辣。有刺激性气味，可食用或供调味，亦可入药。地下鳞茎分瓣，按皮色不同分为紫皮种（图3-2-71）和白皮种（图3-2-72）。大蒜是秦汉时从西域传入中国，经人工栽培繁育,具有抗癌功效，深受大众喜食。

图3-2-69　大　蒜

图3-2-70　剥出的大蒜鳞片

图3-2-71　紫皮大蒜

图3-2-72　白皮大蒜

（一）适时采收

1. 采收

一般不能等到地上部分叶子全部枯黄时才采收（图3-2-73），而是在蒜薹收获后20天左右采收。收获过迟，大蒜的鳞片容易开裂，小芽容易萌动生长，对贮藏不利。采后宜阳光暴晒，促使蒜头迅速干燥而进入休眠期。采收时尽量避免机械损伤，以防贮藏期侵染性病害的发生。

图3-2-73　大蒜采收时的场景

2. 贮前处理

大蒜采前1周用1%抑芽丹（MH）喷洒茎、叶，或采后将大蒜在石蜡液中浸一下，使蒜头表面形成一层石蜡膜，有抑制发芽的作用。

（二）贮藏方法

大蒜成熟时外部鳞片逐渐干枯呈膜质，可防止水分蒸发，并可隔绝外部水分和病菌的侵入，有利于贮藏。大蒜采后有休眠特性，一般休眠期为2～3个月。温度高于5℃易萌芽，更高温度会引起大蒜发霉和腐烂。大蒜适宜的贮藏条件是：温度为–3～0℃，相对湿度为70%～75%，氧气浓度为3%～5%，二氧化碳浓度为12%～13%。

留种蒜的贮藏条件与食用蒜不同，可以采取高温贮藏，以15℃左右的室温、空气相对湿度不超过70%的干燥条件为宜。如果保持稳定的低温（–1 ~ 3℃）条件，在播种前40天左右再给予18 ~ 20℃的温度处理，也能收到较好效果。

　　大蒜的贮藏，多编辫（图3-2-74）后悬挂于通风库内或者住房前后的屋檐下，也有的将蒜头装筐或装入网袋（图3-2-75）后贮于通风库内。应注意堆码不宜过厚，以保持通风干燥的环境。采取冷藏法时，注意湿度不宜太高，常为65% ~ 70%，温度保持在–3 ~ 0℃，当温度在–7℃以下时，大蒜易受冻。避免贮藏温度过低，是防止发生低温伤害的关键。

图3-2-74　大蒜编辫　　　　　图3-2-75　蒜头装入网袋内再贮藏

十八、大葱

图3-2-76　大　葱

大葱（图3-2-76）是葱的一种，可分为普通大葱、分葱、胡葱和楼葱四个类型。大葱味辛，性微温，有解毒调味、发汗抑菌和舒张血管的作用。主要用于风寒感冒、恶寒发热、头痛鼻塞等症状。大葱含有挥发油，油中主要成分为蒜素。

另外，大葱还含有脂肪、糖类、胡萝卜素、烟酸、钙、镁、铁等成分。大葱为多年生草本植物，叶子圆筒形，中间空，脆弱易折，呈青色。在东亚国家以及各处华人地区中，葱常作为一种很普遍的香料调味品或蔬菜食用，在东方烹调中占有重要的角色。

（一）适时采收

作为冬贮大葱，需在晚霜后土地封冻前收获（图3-2-77）。经过降温和霜冻，葱叶变黄枯萎，水分减少，叶肉变薄下垂，养分大部分输送到假茎中，使假茎变得充实，此时正是冬贮大葱的收获期。大葱收获时还应避开早晨霜冻期，因为霜冻后的大葱叶片挺直脆硬，容易碰断失水，也容易感染病害腐烂而影响

图3-2-77　大葱收获时的场景

产品质量。在这种情况下，可暂缓收获，等白天气温上升，葱叶解冻时再收。收获大葱时可用大镐在大葱的一侧刨至须根处，把土劈向外侧，露出大葱基部，然后取出大葱。注意不要猛拉猛拔，以免损伤假茎、拉断茎盘或断根而降低质量及耐贮性。

（二）贮藏方法

大葱属于耐寒性蔬菜，贮藏温度以0 ～ 1℃比较适宜。温度过高，呼吸加强，抗逆性下降，加之微生物活动加强，易导致腐烂，同时会导致大葱结束休眠提早抽薹，还会导致大葱所含的芳香物质加快挥发而丧失特有的风味品质。若贮藏温度过低，大葱受冻，虽然产品还可食用，但消耗较大。

大葱贮藏的空气相对湿度以80% ～ 85%比较适宜，通风是大葱贮藏的特殊要求，这是因为空气流通能使大葱外表始终保持干燥，可有效地防止贮藏病害的发生。

大葱极耐贮藏，除了用低温冷库贮藏外，还可在冷凉、干燥、通风的自然条件下贮藏，并安全越冬，随时供应市场需求。冬贮大葱收获后，首先晾晒1～3天，使叶片和须根逐渐失水和干燥，假茎外皮干燥形成质膜保护层，以利贮藏。大葱耐低温能力极强，其假茎在−30℃的低温下放置一段时间后，再放在0℃以上的低温条件下还可缓慢缓解，组织细胞仍具有生活力。因此，冬季可用低温贮藏法贮藏大葱。低温贮藏的适宜温度为0℃，空气相对湿度为85%～90%。常温贮藏时，适宜湿度在80%左右，湿度过高易腐烂。

1.地面贮藏法

在墙北侧或后墙外阴凉、干燥、背风处的平地上，铺3～4厘米厚的沙子，把晾干的大葱根向下、叶向上码在沙子上，宽1～1.5米。码好后葱根四周培15厘米高的沙子，葱堆上覆盖草帘子或塑料薄膜防雨淋。

2.沟贮法

在阴凉通风处挖深20～30厘米、宽50～70厘米的浅沟，沟内浇透水，等水渗下后，把选好晾干的10千克左右的大葱捆码入沟内，用土埋严葱白部分，四周用玉米秸围一圈，以利通风散热。上冻前，加盖草帘或玉米秸。

3.架贮法

在露天或棚室内，用木杆或钢材搭成贮藏架，将采收后晾干的10千克左右的葱捆依次码放在架上，中间留出空隙通风透气，以防腐烂。露天架藏要用塑料薄膜覆盖，防止雨雪淋打。贮藏期间定期开捆检查。

4.窖藏法

在气温降到10℃以下时，将晾干的10千克左右的葱捆入窖贮藏。保持窖内0℃的低温，防热防潮。

5.冷库贮藏法

将无病虫害、无伤残、晾干的10千克左右的葱捆放入包装箱（图3-2-78）或筐中，置于冷库中

图3-2-78　大葱捆放进包装箱

堆码贮藏。库内保持-1 ~ 0℃，空气湿度为80% ~ 85%。避免温度变化过大。定期检查葱捆，发现葱捆中有发热变质的及时剔除，防止腐烂蔓延。发现葱捆潮湿，通风又不能排除时，需移出库外，打开葱捆重新晾晒再入库。

十九、花椰菜

花椰菜（图3-2-79）又称花菜、菜花或椰菜花，是一种十字花科蔬菜，为甘蓝的变种。目前栽培的花椰菜品种有紫菜花、绿菜花、白菜花等。花椰菜富含B族维生素、维生素C。这些属于水溶性成分，易受热分解而流失，所以花椰菜不宜高温烹调，也不适合水煮。

图3-2-79　花椰菜

花椰菜是一种粗纤维含量少、品质鲜嫩、营养丰富、风味鲜美、人们喜食的蔬菜。

（一）适时采收

采收前1周应停止浇水，以免增加贮藏中花球腐烂的概率。采收时应保留3 ~ 4片叶包被花球，以防运输过程中的机械损伤。花球在贮藏中应注意防止褐变，引起花球褐变的原因很多，如花球采收前或采收后暴露在阳光下、机械损伤、失水和受菌感染、贮温过高等都能使菜花变褐，严重时变成黑色的污点（图3-2-80），甚至腐烂。用0.15%的托布津溶液浸蘸菜花蒂部，晾干后贮藏，可减少腐烂。贮藏库内放置一定量的高锰酸钾吸收乙烯，

图3-2-80　菜花上带有污点

对外叶有较好的保绿作用，花球也比较洁白。用50毫克/升2, 4-D或5 ~ 20毫克/升的6-BA溶液浸蘸根部，可防止外叶黄化和脱落。

（二）贮藏方法

花椰菜在贮藏中易松球，花球颜色变黄、变暗，出现褐色斑点及腐烂现象，使品质降低。

采收期延迟或采收后不适宜的贮藏环境，如高温、低湿等，都可能引起松球。用于贮藏的花椰菜，宜选择结球紧实、品质好、适应性强的中晚熟品种。

花椰菜贮藏适温为0℃，低于0℃花球会受冷害，适宜的相对湿度为90% ~ 95%，适宜的气体组成是氧气2% ~ 5%、二氧化碳1% ~ 3%。

1.假植贮藏

入冬前后，利用棚窖、贮藏沟、阳畦等场所贮藏。将尚未成熟的幼小花球连根带叶收获，去掉外层老叶、枯叶，不经摊晾，用稻草轻轻捆扎外叶后假植于沟内，用湿土埋住根部，适当灌水并加以覆盖以防冻，适时放风。最好让菜花稍能接受光线，贮藏一定时间后花球有明显增大。

2.通风库或冷库贮藏

（1）筐贮法

将花椰菜根部朝下码在筐中，最上层菜花低于筐沿。将筐堆码于库中，要求稳定而适宜的温度和湿度，每隔20 ~ 30天倒筐一次，将脱落及腐败的叶片摘除，并将不宜久贮的花球挑出上市。

（2）架藏法

在库内搭成菜架，每层架上铺上塑料薄膜，菜花放其上。为了保湿，可在架的四周罩上塑料薄膜，但帐边不需封闭。

（3）单花球套袋贮藏法

用0.015毫米厚的聚乙烯塑料薄膜，制成30厘米×35厘米大小的袋，花球装入袋内（图3-2-81），折叠袋口装筐码垛或直接

图3-2-81　单花球套袋贮藏

放在菜架上贮藏，保持温度0～1℃。此法能有效减少水分蒸发，也减少了花球之间相互擦伤和病菌传染的机会，可使花球保持洁白，不散花，贮藏效果优于筐藏和架藏。贮藏期在两个月以内，以留叶为宜，如超过两个月，则以去叶为宜。

3.塑料薄膜贮藏

将花椰菜装筐码垛（图3-2-82），用塑料薄膜封闭，控制氧气浓度为2%～5%、二氧化碳浓度为1%～3%较适宜。封闭薄膜帐时，帐顶需设法支撑呈弧状，防止凝结水滴落到花球上引起腐烂。菜花在贮藏中释放乙烯较多，为此可在封闭帐内放置适量的高锰酸钾载体吸收乙烯，对外叶有较好的保绿作用，花球也较洁白。

图3-2-82　菜花装箱码垛

在缺乏机械冷库的条件下，在上述处理条件下用自然降氧也能相对延长保鲜期。塑料薄膜帐密封后，任果实自行呼吸降氧。刚进帐后几天呼吸作用旺盛，需每天或隔天透帐，随后呼吸减弱，可2～3天透帐一次。一般隔15天左右倒动一次，同时剔除黄叶、烂叶。当二氧化碳浓度超过5%时，应在帐底放置消石灰吸收多余的二氧化碳，同时在顶层放置乙烯吸收剂，按每10千克花椰菜放500克用高锰酸钾浸泡过的载体。

二十、黄瓜

黄瓜（图3-2-83），葫芦科黄瓜属植物，也称胡瓜、青瓜。果实颜色呈油绿或翠绿色，表面有柔软的小刺（图3-2-84）。最早由西汉时期张骞出使西域带回中国。现广泛种植于温带和热带地区；中国各地普遍栽培，且许多地区均有温室或塑料大棚栽培。黄瓜喜温暖，不耐寒冷，为主要的温室产品之一。

图3-2-83　黄　瓜　　　　　　　图3-2-84　黄瓜上的小刺

（一）适时采收

1.采收

一般嫩瓜（授粉后8天）采收，贮藏效果最佳。过老的瓜贮藏中易衰老变黄，不宜贮藏。贮藏用的瓜应比立即上市（图3-2-85）的瓜要稍嫩一些采收。采收宜在晴天的早晨进行，采摘时用剪刀将瓜柄剪下，注意不要碰到瘤刺。采前1～2天不宜浇水。

图3-2-85　可以立即上市的黄瓜

2.贮前处理

入库前用0.2%的甲基托布津和4倍水的虫胶混合液涂在瓜身上，阴干后入库贮藏，效果更好。

（二）贮藏方法

黄瓜含水量很高，质地脆嫩。采摘后在常温下极易褪绿变黄，受精胚在嫩瓜中继续生长发育，从果肉组织中吸取水分和养分，以至瓜条变形，果梗端组织萎缩变糠，头部因种子发育而变粗，瓜形变为棒槌形，酸度增加，品质下降。黄瓜脆嫩，易受机械损伤，瓜刺易被碰掉形成伤口流出汁液，从而感染病菌引起腐烂。

黄瓜贮藏的适宜温度为11～13℃，若低于10℃较长时间易出现冷害。空气相对湿度以90% ～ 95%为宜，氧气和二氧化碳浓度均以2% ～ 5%为宜。黄瓜对乙烯非常敏感，即使微量的乙烯也会此起褪绿变黄，故在贮藏期间不能与番茄、苹果、梨等释放乙烯的果蔬放在一起，并采用高锰酸钾等作为乙烯吸收剂。

用于贮藏的黄瓜，应选择抗病性强、果实中固形物含量高、皮稍厚、耐贮性好的晚熟品种。黄瓜的耐贮性与瓜上皮的瘤刺有无和多少有一定关系，一般瘤刺多而大的品种耐贮性较差，少瘤少刺的耐贮性好。

1.缸藏

将预先洗刷干净的缸盛入10 ～ 20厘米的清水，在离水面高7 ～ 10厘米处，放一个木板钉成的十字或井字架，上面放一个用秫秸编成的圆形箅子，在箅子上摆放挑选的黄瓜。黄瓜可果柄朝外沿着缸壁转圈平放，也可纵横交错逐层排列，一直摆放距缸口10 ～ 13厘米处为止。摆放好后缸口用牛皮纸密封，放于贮藏室内，室温下降时可将缸埋入地下一部分或加草袋保暖，保持11 ～ 13℃。此法可贮藏30天，质量仍好。

2.水窖贮藏

在地下水位较高的地方，东西向挖约深2米、宽约1米、长6 ～ 10米的坑。窖底应有一定的坡度，底端挖一深井，以防积水太深时需向外提水。坑的四周用土筑成厚0.6 ～ 1米、高约0.5米的土墙，上边架设木檩，其上铺30厘米左右厚的苇子，然后覆土约20厘米厚构成棚顶，棚顶开设两个0.5 ～ 0.7米^{2}的天窗通风。靠近窖的两壁用竹条、木板等钉成贮藏架，中间可用木板搭成走道。这种土水窖经济方便，但需年年重建。

贮藏黄瓜时，先在贮藏架上铺一层苇席，然后用苇秆纵横间隔成约4厘米^{2}的格子，将黄瓜一条条地柄向下垂直插入方格中。也可将黄瓜平码在菜架上，还可以装在筐中再放到菜架上。不论哪种方式，黄瓜放好后都要用湿蒲席盖好。

入窖初期白天关闭门和通风口，夜间通风降温，天气冷后白天通风，5 ～ 7天检查一次。水窖的温度较为稳定，湿度较高，贮后含水量高，脆嫩。

3.气调贮藏

贮藏适宜温度为11 ~ 13℃，氧气和二氧化碳适宜含量均为2% ~ 5%。黄瓜用1∶5的虫胶水液加4 000毫克/升的苯来特、托布津或多菌灵涂抹后，在封闭的垛内放入为瓜重2.5% ~ 5%的浸泡过高锰酸钾液的泡沫砖，用以消除乙烯的影响。每隔2 ~ 3天充氯气消毒一次，每次用量为垛内空气体积的0.2%，防腐效果明显。黄瓜贮藏45 ~ 60天，好瓜率约为85%。

二十一、南瓜

南瓜（图3-2-86），葫芦科南瓜属的一个种，一年生蔓生草本植物。原产墨西哥到中美洲一带，世界各地普遍栽培。明代传入我国，现在南北各地广泛种植。南瓜的果实可做肴馔（图3-2-87），亦可代粮食。全株各部又可供药用，种子含南瓜子氨基酸，有清热除湿、驱虫的功效，对血吸虫有控制和杀灭的作用，藤有清热的作用，瓜蒂有安胎的功效，根治牙痛。

图3-2-86 南 瓜

图3-2-87 南瓜饼

（一）适时采收

嫩南瓜和老熟南瓜均可采收（图3-2-88），早期瓜和早熟种南瓜在花谢后10 ~ 15天可采收嫩瓜；中晚熟种在花谢后35 ~ 60天采收充分老熟的瓜。采收嫩瓜勿损伤叶蔓，并加强肥水管理，促进植株继续开花结果，分批、分期上市。老熟瓜的表皮蜡粉增厚，皮色由绿色转变为黄色或红色，用指甲轻轻刻划表皮时不易破裂。

对选留贮藏的瓜，选晴天在留瓜柄2~3

图3-2-88　可以采收的南瓜

厘米长的瓜把处剪下，根瓜（第一果）不宜贮藏，可先摘除，留主蔓上第二个瓜贮藏。选择无伤、无病、肉厚、水分少、质地较硬、颜色较橙、果面布有蜡粉的九成熟活藤瓜。贮藏的瓜不可遭霜冻，早播以保证霜前能适当成熟。生育期间可在瓜下垫砖或吊空，并防止暴晒。采瓜时轻拿轻放，谨防内瓤震动受伤导致腐烂。宜在连续数日晴天后的上午采收，阴雨天或雨后采收的瓜不易贮藏。采收后宜在24~27℃温度下放置2周，让果皮硬化。

（二）贮藏方法

适宜贮藏的条件为温度为10℃、相对湿度为70%~75%。

1.堆藏

堆放前在地面先铺一层细沙、麦秸或稻草，然后把南瓜按生长时的样子逐个排放堆起。堆放时要留出通道，以便检查。也可瓜蒂朝里，瓜顶向外堆码成圆堆，每堆15~25个，高度以5~6个瓜高为好。也可装筐堆藏，每筐不宜装得太满，离筐口应留有一个瓜的距离，以利通风和避免挤压。贮藏前期，外界气温较高，要注意通风换气，降温排湿。贮藏后期特别是严冬要注意防寒，温度应保持在0℃以上。

2.架藏

用木、竹或铁管搭成分层贮藏架，铺上草包，将瓜堆放在架上或用板条箱衬垫一层麦秸后，将瓜放叠成一定的形式进行贮藏。此法通风散热，效果优于堆藏，仓位容量也比堆藏大，检查也较方便，目前多采用此法。

3.窖藏法

用于贮藏的瓜不能霜冻，生长期间最好不使瓜直接着地，为此可在瓜下垫砖或吊空，并防止阳光暴晒。南瓜可贮藏在湿度较低的窖内，保持温暖干燥的条件，适温为7～10℃，相对湿度为70%～80%。贮藏时地面铺细沙、麦秸或稻草，其上堆放2～3层瓜，贮藏期可达100～150天（图3-2-89）。

图3-2-89　南瓜窖藏

二十二、冬瓜

冬瓜（图3-2-90），葫芦科一年生蔓生或架生草本。果实长圆柱状或近球状，大型，有硬毛和白霜，种子卵形，中国各地都有栽培。冬瓜（图3-2-91）有消炎、利尿、消肿的功效。

图3-2-90　冬　瓜

图3-2-91　切开的冬瓜

（一）适时采收

冬瓜在花凋谢后30～35天即可采收。采收前，不宜施肥或浇水，以利增强冬瓜的光合作用，减少冬瓜的含水量，这样才能提高冬瓜的贮藏时间。采收时一般是用剪刀剪下来，以免瓜蔓被拉伤，瓜果也要轻拿轻放，不能碰伤，以便于存放。若采收过晚，冬瓜过于成熟，其肉质将会变软，不耐贮运。

（二）贮藏方法

冬瓜在贮藏过程易发生果实由内向外腐烂淌水，瓜体出现豆子斑和堆中的接触面霉变等现象。这是由于搬运中震动过大，果实内部倒瓢，组织细胞受到破坏，或带入田间炭疽病，以及空气不流通，热量不能散失等所造成的。

冬瓜品种较多，根据瓜皮颜色可分为白皮、青皮两大类型。一般完熟青皮无蜡粉品种瓢小肉厚，较耐贮藏。

冬瓜贮藏的适宜温度在10℃左右，相对湿度为70% ~ 75%，要求较好的通风。

冬瓜的堆藏、窖藏、架藏，均与南瓜相似。冬瓜在通风库内或棚窖内可以码垛，也可以上架贮藏。码垛前地面铺一层细沙或稻草，冬瓜可以码成1 ~ 3个瓜厚的长条垛。冬瓜的摆放方式一般与地里生长状态一样，即原来卧地生长的要求平放，原来搭棚直立生长的瓜要向上直立放。采用地面堆藏时，因瓜自身重量较大，不宜堆得太高，以减少因相互挤压而损伤。冬瓜贮藏期间一般不要翻动，但要勤检查，发现病瓜立即剔出。如室温高至30℃，要打开排气扇换气降温，在中午关窗遮阳，早晚开窗通风。

二十三、苦瓜

苦瓜（图3-2-92），葫芦科，果实纺锤形或圆柱形，苦瓜广泛栽培于世界热带到温带地区，中国南北均普遍栽培。苦瓜果味甘苦，主做蔬菜（图3-2-93），也可糖渍；成熟果肉和假种皮也可食用；根、藤及果实可入药，有清热解毒的功效。

（一）适时采收

采收的成熟度与苦瓜的产量、品质和耐贮运性有密切关系，只

图3-2-92　苦　瓜　　　　　　　图3-2-93　苦瓜制成的菜肴

有适时采收才能获得品质好、耐贮运的产品。苦瓜的采收时期可根据开花到采收的时间来确定，也可按外部形态特征来确定；一般从开花后白天温度为20～25℃时，需14～16天达到采收期；白天温度为25～30℃时，需12～14天达到采收期；白天温度超过30℃时，只需10天左右就可以采收；从外部形态特征看，一般果实充分长大，果实基本达到该品种的果长、果宽和单果重，果表瘤状突起膨大，果顶表面有光泽，顶端开始发亮时达到合适的采收成熟度。外调苦瓜一般浇水后2～3天采收，切忌高温干旱植株和瓜条萎蔫时采收，因苦瓜缺水萎蔫以后遇水不易回复，不耐贮运，影响品质。贮运苦瓜应在早晨露水干后采收。这时采收的苦瓜，晚上散出了部分田间热，光合作用的产物已输送到果实中积累，有利于贮运。

（二）贮藏方法

苦瓜属于有呼吸跃变的果菜，青色的瓜皮一旦颜色变浅绿，就意味着突变已经到来，如果瓜顶开始露出黄色，说明苦瓜已经老熟。所以，选择苦瓜的成熟度宁可嫩一点，保证瓜身青绿色。苦瓜对乙烯十分敏感，即使有极微量的乙烯存在，也可以激发苦瓜迅速老熟，而且会受环境乙烯的影响而加速后熟。所以，采收、运输、贮藏过程中的一切操作要格外小心，减少苦瓜表皮碰伤、撞伤的机会，抑制乙烯的产生，保持苦瓜的贮藏品质。

苦瓜贮藏的最适宜温度为13℃，苦瓜贮藏的适宜湿度为

85% ～ 90%。

1. 速冻贮藏

选鲜嫩、无病虫害的苦瓜放到清水中洗净。去籽去瓤切成瓜圈、瓜块或瓜片，盛于竹筐内，连篮浸入沸水中烫漂0.5 ～ 1分钟，切的形状不同，烫漂时间也不同。烫漂时要不停地搅匀。烫漂后迅速捞出，并浸入冷水中冷却，使瓜温在短时间内降至5 ～ 8℃，后捞出放入竹筐内沥干。再立即放入冷库内速冻，库内温度应控制在-30℃，以菜体温度达-18℃为宜。在速冻过程中翻动2 ～ 3次，促进冰晶的形成和防止菜体间冻成坨。用食品袋装好封口，再装入纸箱。装箱后的苦瓜放入彻底清洁和消毒过的-18℃的冷却库内贮存，速冻苦瓜一般可保存6 ～ 8个月。

2. 地窖贮藏

选地下库、地窖、防空洞等做贮藏库，并采取必要的通风措施。将预贮后的苦瓜装箱、装筐或堆放在菜架上做短期贮藏。贮藏温度宜稳定在13 ～ 15℃，相对湿度控制在85% ～ 90%，可随捡随卖。

3. 鲜瓜冷库贮藏

将经预处理的苦瓜果实盛于经漂白粉洗涤消毒后的竹筐或塑料筐中，放入冷库中贮藏。苦瓜贮藏时，库温应掌握在10 ～ 13℃，相对湿度在85%左右。冷库内苦瓜贮存时间相对较长。

4. 鲜瓜气调贮藏

人为改变贮藏产品周围的大气组成，使氧气和二氧化碳浓度保持一定比例，以创造并维持产品所要求的气体组成。气调可与冷藏配合进行，也可在常温下进行。苦瓜气调贮藏的温度一般在10 ～ 18℃，同时以氧气分压控制在2% ～ 3%、二氧化碳分压在5%以下为宜。气调贮藏中比较简单的是薄膜封闭贮藏，其中又分为塑料帐封闭贮藏和薄膜包装袋封闭贮藏。

二十四、西葫芦

西葫芦（图3-2-94），别名占瓜、茄瓜、角瓜、筍瓜等。西葫芦为一年生蔓生草本，有矮生、半蔓生、蔓生三大品系。多数品种主蔓优势明显。营养丰富，含有多种维生素，老人小孩都喜欢吃。

图3-2-94　西葫芦

（一）适时采收

准备贮藏的西葫芦宜选用主蔓上第二个瓜，根瓜不宜贮藏。生长期间最好避免西葫芦直接着地，并要防止阳光暴晒。采收时谨防机械损伤，特别要禁止滚动、抛掷，否则内瓤震动受伤易导致腐烂。西葫芦采收后，宜在24～27℃条件下放置2周，使瓜皮硬化，这对成熟度较差的西葫芦尤为重要。

（二）贮藏方法

1.堆藏

在空室内地面上铺好麦草，将老熟瓜的瓜蒂向外、瓜顶向内依

图3-2-95　西葫芦码成堆

次码成圆锥形（图3-2-95），每堆15～25个瓜，以5～6层为宜。也可装筐贮藏，筐内不要装得太满，瓜筐堆放以3～4层为宜。堆码时应留出通道。贮藏前期气温较高，晚上应开窗通风换气，白天关闭遮阳。气温低时关闭门窗防寒，温度保持在0℃以上。

2.架藏

在空屋内，用竹、木或钢筋做成分层的贮藏架，架底垫上草袋，将瓜堆在架子上，或用板条箱垫一层麦秸作为容器。此法透风散热效果比堆藏好，贮藏容量大，便于检查，其他管理办法同堆藏法。

3.嫩瓜贮藏

嫩瓜应贮藏在温度为5～10℃及相对湿度为95%的环境条件下，

图3-2-96 西葫芦逐个包装

采收、分级、包装、运输时应轻拿轻放，不要损伤瓜皮，按级别用软纸逐个包装（图3-2-96），放在筐内或纸箱内贮藏。临时贮存时要尽量放在阴凉通风处，有条件的可贮存在适宜温度和湿度的冷库内。在冬季长途运输时，还要用棉被和塑料布密封覆盖，以防冻伤。一般可贮藏2周。

二十五、番茄

番茄（图3-2-97），别名西红柿、洋柿子。在秘鲁和墨西哥，最初称为"狼桃"。全体生黏质腺毛，有强烈气味。果实扁球状或近球状，肉质而多汁液，橘黄色或鲜红色，光滑。番茄是喜温、喜光性蔬菜，对土壤条件要求不太严格，但为获得丰产、促进根系良好发育，应选用土层深厚、排水良好、富含有机质的肥沃壤土。

图3-2-97 番 茄

番茄原产南美洲，在中国南北广泛栽培。番茄营养丰富，具特殊风味。具有减肥瘦身、消除疲劳、增进食欲、提高对蛋白质的消化、减少胃胀积食等功效（图3-2-98）。

（一）适时采收

1.采收

图3-2-98 番茄汁

番茄的成熟度常根据果皮的颜色来判断，按其色泽变化可分为绿熟期、微熟期、半熟期、坚熟期以及完熟期。一般作为长期贮藏的番茄，应在绿熟期采收。一天中适宜采摘的时间或是早晨或是傍晚无露水时，此时果温较低，果实本身及容器带的田间热少。采摘时要轻拿轻放，避免造成伤口。盛装容器不宜过大，以免番茄互相压伤。

2.贮前处理

番茄采收后应放在阴凉通风处散热或放在冷藏库内预冷（13～15℃）1～2天。番茄采收前7～10天，田间可喷一次杀菌剂以防病害，如用25%多菌灵可湿性粉剂500倍液加40%乙膦铝可湿粉剂250倍液，可降低贮藏期间发病率。采前3～5天停止浇水，以减少果实含水量，增加耐贮性。

贮藏前应剔除有病虫害、机械损伤、畸形及过熟的果实。采摘时注意去掉果柄。

（二）贮藏方法

番茄性喜温暖，果实成熟度不同适宜的贮藏条件和贮藏期也有所不同。红熟番茄的贮藏适温为0～2℃；绿熟番茄的适温为10～13℃，低于8℃便遭冷害。半熟期果实的贮藏适温为9～11℃。红熟期只能短期贮藏，绿熟期果实贮藏时间最长可达30天左右，若配合气调措施，贮期可达2～3个月。贮藏适宜的相对湿度为85%～95%，气体组成氧气和二氧化碳浓度均为2%～5%。

贮藏的番茄应选皮厚、子室少、种子腔小、汁少、干物质和糖含量高、肉质密、果形整齐、不裂果的晚熟品种。晚熟品种比早熟品种耐贮藏，黄果品种比红果品种耐贮藏，早熟、皮薄的品种以及粉红果品种最不耐贮藏。

1.常温贮藏

利用土窖、地下室、通风贮藏库、防空洞等阴凉场所，能获得较低温度。筐贮（图3-2-99）时，用0.5%漂白粉消毒晾干，内衬柔软物，每筐装3～4层果实，然后将筐码放，垛高2～4个筐，呈"品"字形码放。也可以底部放一层底朝上的空筐以利通风散热。每7～10天检查一次，及时剔除烂果。夏天白天关闭通风设施，利用夜间低温通风换气，冬天注意防寒。窖内相对湿

图3-2-99　番茄预冷后装筐

度控制在80% ~ 85%。很多地方还采用架藏，将绿熟番茄直接放在果架上，每层架上摆4 ~ 5层果。贮期注意常检查，剔除烂果，并做好湿度管理。

2.塑料薄膜帐气调法

将果实堆放在大帐内，统一调节气体成分，延长贮藏期。先在窖、库或冷库（图3-2-100）内地上铺一层0.1 ~ 0.2毫米厚的塑料薄膜，上垫一层枕木或砖块。在枕木和砖块之间撒上一层消石灰（其用量为番茄重量的1%），以吸收果实呼出的二氧化碳。将预冷后的番茄装筐，

图3-2-100 冷 库

每筐约20千克，码4 ~ 5层。或于膜上放菜架，将果实散堆或装筐放在架上（装筐或堆放要求与常温贮藏的一样），每垛果实750 ~ 1 000千克，用帐罩住密封，进行气调。绿熟番茄库温应为12 ~ 13℃，相对湿度为80% ~ 85%，湿度高时可用氯化钙和硅胶吸湿。为防腐，多采用在帐内放入防腐剂的方法，如仲丁胺，常用量为0.05 ~ 0.1毫升/升（以帐内体积算），有效期20 ~ 30天；也可把0.5%的过氧乙酸放在盘中置于垛内；还可使用漂白粉，用量为果重的0.05%，有效期10天。

塑料帐封好后，由于番茄呼吸作用，帐内气体成分会发生变化，氧气含量下降，二氧化碳含量由于消石灰吸收而不会太高，当氧气含量降至2% ~ 3%时，应用鼓风机补充新鲜空气，使氧气含量升高到4% ~ 5%。一般需每天调气一次。另外每隔10 ~ 15天，应打开帐子检查一次，并更换漂白粉或多霉灵等防腐剂，还要放浸透饱和高锰酸钾的砖块（为番茄重的5%）吸收乙烯。

3.塑料薄膜袋小包装贮藏

将番茄装入厚度为0.06毫米的聚乙烯薄膜袋，每袋5千克以内，扎紧袋口放在阴凉处或库中。贮藏初期每隔2 ~ 3天，于清晨或傍晚将袋口打开15分钟，排出果实呼吸产生的二氧化碳，补入新鲜空气，同时将袋壁上的水珠擦干，然后将袋口扎好密封。一般贮藏1 ~ 2周番茄就

逐渐转红，若需要继续贮藏，则应减少袋内番茄数量，只平放一层或两层，以免相互挤压。果实红熟后，把袋口敞开，不需扎紧。

二十六、菜椒

菜椒（图3-2-101），俗称灯笼椒、柿子椒、甜椒，是茄科辣椒属辣椒的一个变种，分布于中国的南北各地，属于"非人工引种栽培"类型植物。菜椒是非常适合生吃的蔬菜，含丰富维生素C和B族维生素及胡萝卜素，为强抗氧化剂，可抗白内障、心脏病和癌症。越红的菜椒营养越多，所含的维生素C远胜于其他柑橘类水果，所以较适合生吃。菜椒新培育出来的品种还有红、黄、紫等多种颜色（图3-2-102），因此不但能自成一菜，还被广泛用于配菜。

图3-2-101　菜　椒

图3-2-102　多种颜色的菜椒

（一）适时采收

贮藏的菜椒不宜用半红果、红果及幼嫩果，应当以充分成熟的青椒果。受过霜打的菜椒不耐贮，所以应在还未转红、早霜之前采收。长期贮藏的菜椒应选用已充分膨大、坚硬、有光泽的绿熟果（图3-2-103）。采摘时连果柄摘下，

图3-2-103　适合贮藏的菜椒

避免果肉及胎座受伤，并注意轻拿轻放，防止机械损伤。刚采收的菜椒放在普通房间或库房内，经过1～2天待伤口愈合，呼吸强度降低，选无病虫害和机械损伤的果贮藏。采后切忌在田间暴晒，预贮时注意防霜、防萎蔫。

（二）贮藏方法

菜椒多以鲜嫩青果供食，但贮藏中易出现萎蔫、腐烂和后熟变红等现象。在成熟过程中有乙烯产生，还有明显的色素变化，随着成熟度的提高，叶绿素含量迅速下降。红色品种中，在叶绿素下降的同时，有茄红素的增加。菜椒贮藏的温度以9～11℃为宜，高于12℃果实衰老加快，低于9℃易遭冷害。贮藏菜椒的适宜相对湿度为90%～95%，同时需要良好的通风。气体成分为：氧气含量控制在3%～5%，二氧化碳含量为1%～2%。

菜椒中以果实发育饱满、果皮厚、色深、表皮光亮、褶皱少、果实干物质含量高的晚熟种较耐贮藏。

1.沟藏

选地势较高、地下水位较低的地方，挖深、宽各1米的沟，长度视贮量而定。辣椒直接放入沟内，厚0.3～0.5米，或在沟底铺一层沙，将辣椒散放于沙上，上面覆盖一层稻壳或沙，沟门处盖上草帘和秸秆保温防寒。也可将辣椒装筐后再放入沟内贮藏。10～15天检查一次。前期注意防热，白天气温高时用草帘盖好，夜间掀开草帘以降低温度；后期天气转冷，注意增加覆盖层厚度，适当放风检查。沟口还需设防雨雪等设施，以免雨雪进入造成腐烂。

2.窖藏

采用窖内筐贮、架贮、散堆形式均可。收获早的菜椒先预贮，贮藏前先将窖消毒，然后在窖内地面上铺一层3厘米厚的湿沙，将菜椒码放在沙上，一般4～5层，并在菜椒四周和顶层围上草席以保持湿度。用蒲包垫筐贮时，先用水浸湿蒲包，再用0.5%的漂白粉消毒，沥水滴干后再装入菜椒，装筐后加以覆盖，码成垛。架贮时每层架上放2～3层辣椒，再在上层加以覆盖。每7～10天检查一次，清除烂果。注意入窖后使温度保持在5～10℃，湿度保持在80%～90%。前期采取夜间通风，中后期注意保暖。

3.气调贮藏

冷库气调贮藏宜采用快速降氧法，菜椒装筐堆垛，每垛300～500千克，用塑料薄膜封闭。帐内氧气浓度保持在3%～6%，二氧化碳浓度控制在6%以下。也可以用塑料小包装贮藏菜椒，用1 000毫米×700毫米、厚0.08毫米的聚乙烯袋，装菜椒12千克左右，扎口后放在菜架上贮藏。贮藏过程中如袋壁水珠较多，应每2～3天开袋换气一次；若袋壁水珠不多，则4～5天换气一次，每次30分钟。贮藏放风与贮藏夜间通风换气一起进行。

二十七、菜豆

菜豆（图3-2-104），也称芸豆、二季豆或四季豆，豆科菜豆属植物，一年生缠绕或近直立草本。原产美洲的墨西哥和阿根廷，中国在16世纪末开始引种栽培。食用菜豆必须煮熟煮透，消除不利因子，趋利避害，更好地发挥其营养效益。菜豆还是一种难得的高

图3-2-104 菜豆

钾、高镁、低钠食品，这个特点在营养治疗上大有用武之地。菜豆尤其适合心脏病、动脉硬化、高血脂、低血钾症和忌盐患者食用。

（一）适时采收

1.采收

采收时间应在花谢后10天左右，此时豆荚已发育得相当成熟，豆粒尚未突起，荚壁没有硬化。采收过晚，纤维会增多，使荚壁变得粗硬，品质变劣。

2.贮前处理

及时预冷并进行防腐保鲜处理。贮前可用仲丁胺等对产品进行24小时密闭熏蒸，以利贮藏和运输。包装（图3-2-105）入贮前要剔除小荚、老荚、有病虫及机械损伤的豆类。

图3-2-105　包装好的菜豆

（二）贮藏方法

菜豆有后熟作用。采后易失水萎蔫，褪绿黄化，纤维化程度增高，豆粒逐渐膨大老化，表皮出现锈斑甚至豆荚腐烂，影响菜豆的质量并失去食用价值。

贮藏用的菜豆应选择肉厚、纤维少、种子小、锈斑轻、适合秋季栽培的品种。

菜豆贮藏的适宜温度为8～10℃，高于10℃豆荚易老化，低于8℃易发生冷害，适宜的相对湿度为90%～95%。菜豆对二氧化碳较敏感，1%～2%的二氧化碳对锈斑的发生有一定的抑制作用，但超过2%时会使菜豆锈斑增多，甚至发生二氧化碳中毒。气调贮藏适宜的气体为氧气6%～10%，二氧化碳1%～2%。

1.土窖或通风窖贮藏

菜豆可先装入荆条筐或塑料筐后再入窖贮藏。为了防止水分散失，先用塑料薄膜垫在筐底及四周，塑料薄膜应长于筐边，以便装好菜豆后能收拢将豆荚盖住。在筐四周的塑料薄膜上应打20～30个直径为5毫米左右的小孔，小孔的分布应均匀；在菜筐中间应放两个竹子编成的直径为5厘米的圆柱形通风筒，以便于气体交换，防止二氧化碳积累。每筐菜豆装入八成满，通气筒应露出菜豆3厘米。筐装好后用塑料薄膜盖上放在菜架上。

菜豆入窖初期要注意通风，调节窖内温度，使窖温控制在8～10℃。一般是夜间通风降温，白天关闭通风口。为此需将温度表放在筐内的通风筒里，如果发现温度高于窖温，应打开塑料薄膜通风散热。每隔4～5天对菜豆进行一次检查，贮藏15天以后应天天查看。

发现问题及时处理。

2.小包装贮藏

将菜豆装入0.04 ~ 0.06毫米的聚乙烯塑料薄膜袋中，每袋5千克，袋内加消石灰0.5 ~ 10千克，密封袋口。贮藏库内用0.01毫升/升的仲丁胺熏蒸防腐，贮温为8 ~ 9℃，每隔10 ~ 14天开袋检查一次。一般可贮藏30天。

3.简易气调

以消毒筐做包装，内垫蒲包，每筐装15千克预冷后的豆荚，占筐容积的1/2左右。筐外套上0.1毫米厚的聚乙烯塑料袋，袋上打有换气孔，袋口扎紧。输入工业氮气降低氧气含量，使氧气含量降到6% ~ 10%。如氧气含量低于2%时，可从换气孔放入空气。如袋内二氧化碳含量超过2%，应及时补充氮气或氧气。在适宜的条件下，此法可贮藏30 ~ 40天。

4.沙子埋藏法

在菜窖内先铺5厘米厚的沙子，上面摆豆荚5 ~ 7厘米高，然后一层沙子一层豆荚，摆3层豆荚后，上面再覆以5厘米厚的沙子。注意沙子要保持一定的湿度，但不能过湿。每隔10天倒一次堆，可贮藏1 ~ 2个月。

主要参考文献

马文，任宏远，张敏，1998.蔬菜的贮存与保鲜 [M].北京：金盾出版社.

张恒，2009.果蔬贮藏保鲜技术 [M].成都：四川科学技术出版社.

赵晨霞，2015.果蔬贮藏保鲜技术 [M].北京：中国农业大学出版社.

朱维军，陈月英，1999.果蔬贮藏保鲜与加工 [M].北京：高等教育出版社.